纺织服装高等教育"十三五"部委级规划教材

男装结构设计与纸样工艺

戴孝林 编著

东华大学出版社·上海

图书在版编目（CIP）数据

男装结构设计与纸样工艺 / 戴孝林编著 . —上海：
东华大学出版社，2019.1
ISBN 978-7-5669-1516-0

Ⅰ.①男… Ⅱ.①戴… Ⅲ.①男服—服装结构—服装
设计 ②男服—纸样设计 Ⅳ.① TS941.718

中国版本图书馆 CIP 数据核字（2018）第 290194 号

责任编辑：徐建红
封面设计：贝　塔

男装结构设计与纸样工艺

戴孝林　编著

出　　　版：东华大学出版社（上海市延安西路 1882 号，200051）
本 社 网 址：http://dhupress.dhu.edu.cn
天猫旗舰店：http://dhdx.tmall.com
营 销 中 心：021-62193056　62373056　62379558
印　　　刷：上海锦良印刷厂有限公司
开　　　本：889 mm×1194 mm　1/16
印　　　张：13.25
字　　　数：460 千字
版　　　次：2019 年 1 月第 1 版
印　　　次：2022 年 8 月第 4 次印刷
书　　　号：ISBN 978-7-5669-1516-0
定　　　价：49.90 元

目　录

第一章｜男装结构设计基础

第一节　男装号型规格

服装号型简言之就是服装规格，每款服装均有与之相对应的表示大小的代码，我国服装规格的表示方法一般以人体的号型来说明，其来源于国家颁布的服装号型标准。服装号型是数据服装规格的依据，适用于成衣批量生产。

一、我国男装号型规格标准

2008 年 12 月 31 日由中华人民共和国国家质量监督检验检疫总局和中国国家标准化管理委员会联合发布的、2009 年 8 月 1 日实施的 GB/T 1335.1—2008 服装号型（男子），为我国发布的最新男装号型规格标准，该标准为当前我国男性服装的国家标准。

1. 号型定义与体型分类

① 号：指人体身高，以厘米（cm）为单位表示，是设计和选购服装长短的主要依据。

② 型：指人体的上体胸围和下体腰围，以厘米（cm）为单位表示，是设计和选购服装围度的依据。

③ 体型：是以人体的胸围与腰围的差数为依据来划分的，分为四类。体型分类代号分别为 Y、A、B、C 四类，如表 1-1 所示。

表 1-1　男女性体型分类　　　　　　　　　　　　　（单位：cm）

男性			女性		
体型	胸腰差	占人体总量比例	体型	胸腰差	占人体总量比例
Y	22～17	20.98%	Y	24～19	14.82%
A	16～12	39.21%	A	18～14	44.13%
B	11～7	28.65%	B	13～9	33.72%
C	6～2	7.92%	C	8～4	6.45%

2. 号型的表示方法与应用

① 号型应用。上、下装分别标明号型。

② 号型表示方法。号与型之间用斜线分开，后接体型分类代号。

例：上装 170/88A。其中，170 代表号，88 代表型（胸围），A 代表体型分类；下装 170/74A。其中，170 代表号，74 代表型（腰围），A 代表体型分类。上装 170/88A、下装 170/74A：适用于身高 168～172 cm；胸围 86～89 cm 及胸腰差 16～12 cm 的人。

二、服装号型系列

1. 号型系列

① 号型系列：以各体的中间体为中心，依次向两边递增或递减组成。

② 身高：以 5 cm 分档组成系列。

③ 胸围：以 4 cm 分档组成系列。

④ 腰围：以 4 cm、2 cm 分档组成系列。

⑤ 身高与胸围：搭配组成 5·4 号型系列。

⑥ 身高与腰围：搭配组成 5·4、5·2 号型系列。

2. 服装号型系列

① 服装号型系列：以各体的中间体为中心，依次向两边递增或递减，服装规格也应以此系列为基础，同时按需加放松量进行设计，身高以 5 cm 分档组成系列，胸、腰分别以 4 cm、2 cm 分档组成系列，身高与胸围、腰围搭配分别组成 5·4、5·2 号型系列。

② 男子标准：身高为 155~190 cm；男子不同体型中间体（身高/胸围/腰围/臀围/体型分类）为 170/88/68/88.4Y、170/88/74/90A、170/92/84/93.6B、170/96/92/97C。

三、男子服装号型系列表

1. 男子不同体型号型系列表

男子不同体型号型系列表相关数据是设计服装号型系列的依据。

① 男子 5·4、5·2Y 号型系列见表 1–2。

表 1–2　男子 5·4、5·2Y 号型系列表　（单位：cm）

Y

胸围	身高 155		160		165		170		175		180		185		190	
	腰围															
76			56	58	56	58	56	56								
80	60	62	60	62	60	62	60	62	60	62						
84	64	66	64	66	64	66	64	66	64	66	64	66				
88	68	70	68	70	68	70	68	70	68	70	68	70	68	70		
92			72	74	72	74	72	74	72	74	72	74	72	74	72	74
96					76	78	76	78	76	78	76	78	76	78	76	78
100							80	82	80	82	80	82	80	82	80	82
104									84	86	84	86	84	86	84	86

② 男子 5·4、5·2A 号型系列见表 1–3。

表 1–3　男子 5·4、5·2A 号型系列表　（单位：cm）

A

胸围	身高 155			160			165			170			175			180			185			190		
	腰围																							
72				56	58	60	56	58	60															
76	60	62	64	60	62	64	60	62	64	60	62	64												
80	64	66	68	64	66	68	64	66	68	64	66	68	64	66	68									
84	68	70	72	68	70	72	68	70	72	68	70	72	68	70	72	68	70	72						
88	72	74	76	72	74	76	72	74	76	72	74	76	72	74	76	72	74	76	72	74	76			
92				76	78	80	76	78	80	76	78	80	76	78	80	76	78	80	76	78	80	76	78	80
96							80	82	84	80	82	84	80	82	84	80	82	84	80	82	84	80	82	84
100										84	86	88	84	86	88	84	86	88	84	86	88	84	86	88
104													88	90	92	88	90	92	88	90	92	88	90	92

③ 男子 5·4、5·2B 号型系列见表 1–4。

表 1–4　男子 5·4、5·2B 号型系列表　　　　（单位：cm）

胸围	身高 B 150		155		160		165		170		175		180		185		190	
	腰围																	
72	62	64	62	64	62	64												
76	66	68	66	68	66	68	66	68										
80	70	72	70	72	70	72	70	72	70	72								
84	74	76	74	76	74	76	74	76	74	76	74	76						
88			78	80	78	80	78	80	78	80	78	80	78	80				
92			82	84	82	84	82	84	82	84	82	84	82	84	82	84		
96					86	88	86	88	86	88	86	88	86	88	86	88	86	88
100							90	92	90	92	90	92	90	92	90	92	90	92
104									94	96	94	96	94	96	94	96	94	96
108											98	100	98	100	98	100	98	100
112													102	104	102	104	102	104

④ 男子 5·4、5·2C 号型系列见表 1–5。

表 1–5　男子 5·4、5·2C 号型系列表　　　　（单位：cm）

胸围	身高 C 150		155		160		165		170		175		180		185		190	
	腰围																	
76			70	72	70	72	70	72										
80	74	76	74	76	74	76	74	76	74	76								
84	78	80	78	80	78	80	78	80	78	80	78	80						
88	82	84	82	84	82	84	82	84	82	84	82	84	82	84				
92			86	88	86	88	86	88	86	88	86	88	86	88	86	88		
96			90	92	90	92	90	92	90	92	90	92	90	92	90	92	90	92
100					94	96	94	96	94	96	94	96	94	96	94	96	94	96
104							98	100	98	100	98	100	98	100	98	100	98	100
108									102	104	102	104	102	104	102	104	102	104
112											106	108	106	108	106	108	106	108
116													110	112	110	112	110	112

2. 男子服装号型系列控制部位数值表

控制部位数值是指人体主要部位数值（净体数据），是设计服装规格的依据。

① 男子 5·4、5·2Y 号型系列控制部位数值见表 1-6。

表 1-6　男子 5·4、5·2Y 号型系列控制部位数值表　　　　（单位：cm）

	Y							
部位	数　值							
身高	155	160	165	170	175	180	185	190
颈椎点高	133.0	137.0	141.0	145.0	149.0	153.0	157.0	161.0
坐姿颈椎点高	60.5	62.5	64.5	66.5	68.5	70.5	72.5	74.5
全臂长	51.0	52.5	54.0	55.5	57.0	58.5	60.0	61.5
腰围高	94.0	97.0	100.0	103.0	106.0	109.0	112.0	115.0
胸围	76	80	84	88	92	96	100	104
颈围	33.4	34.4	35.4	36.4	37.4	38.4	39.4	40.4
总肩宽	40.4	41.6	42.8	44.0	45.2	46.4	47.6	48.8
腰围	56　58	60　62	64　66	68　70	72　74	76　78	80　82	84　86
臀围	78.8　80.4	82.0　83.6	85.2　86.8	88.4　90.0	91.6　93.2	94.8　96.4	98.0　99.6	101.2　102.8

② 男子 5·4、5·2A 号型系列控制部位数值表见 1-7。

表 1-7　男子 5·4、5·2A 号型系列控制部位数值表　　　　（单位：cm）

	A							
部位	数　值							
身高	155	160	165	170	175	180	185	190
颈椎点高	133.0	137.0	141.0	145.0	149.0	153.0	157.0	161.0
坐姿颈椎点高	60.5	62.5	64.5	66.5	68.5	70.5	72.5	74.5
全臂长	51.0	52.5	54.0	55.5	57.0	58.5	60.0	61.5
腰围高	93.5	96.5	99.5	102.5	105.5	108.5	111.5	114.5
胸围	72	76	80	84	88	92	96	100　104
颈围	32.8	33.8	34.8	35.8	36.8	37.8	38.8	39.8　40.8
总肩宽	38.8	40.0	41.2	42.4	43.6	44.8	46.0	47.2　48.4
腰围	56　58　60	60　62　64	64　66　68	68　70　72	72　74　76	76　78　80	80　82　84	84　86　88　88　90　92
臀围	75.6　77.2　78.8	78.8　80.4　82.0	82.0　83.6　85.2	85.2　86.8　88.4	88.4　90.0　91.6	91.6　93.2　94.8	94.8　96.4　98.0	98.0　99.6　111.2　101.2　102.8　104.4

③ 男子 5·4、5·2B 号型系列控制部位数值见表 1-8。

表 1-8　男子 5·4、5·2B 号型系列控制部位数值表　　　　　（单位：cm）

B

部位	数　值							
身高	155	160	165	170	175	180	185	190
颈椎点高	133.5	137.5	141.5	145.5	149.5	153.5	157.5	161.5
坐姿颈椎点高	61	63	65	67	69	71	73	75
全臂长	51.0	52.5	54.0	55.5	57.0	58.5	60.0	61.5
腰围高	93.0	96.0	99.0	102.0	105.0	108.0	111.0	114.0

部位	数　值																					
胸围	72		76		80		84		88		92		96		100		104		108		112	
颈围	33.2		34.2		35.2		36.2		37.2		38.2		39.2		40.2		41.2		42.2		43.2	
总肩宽	38.4		39.6		40.8		42.0		43.2		44.4		45.6		46.8		48		49.2		50.4	
腰围	62	64	66	68	70	72	74	76	78	80	82	84	86	88	90	92	94	96	98	100	102	104
臀围	79.6	81.0	82.4	83.8	85.2	86.6	88.0	89.4	90.8	92.2	93.6	95	96.4	97.8	99.2	100.6	102.0	103.4	104.8	106.2	107.6	109.0

④ 男子 5·4、5·2C 号型系列控制部位数值见表 1-9。

表 1-9　男子 5·4、5·2C 号型系列控制部位数值表　　　　　（单位：cm）

C

部位	数　值							
身高	155	160	165	170	175	180	185	190
颈椎点高	134.0	138.0	142.0	146.0	150.0	154.0	158.0	162.0
坐姿颈椎点高	61.5	63.5	65.5	67.5	69.5	71.5	73.5	75.5
全臂长	51.0	52.5	54.0	55.5	57.0	58.5	60.0	61.5
腰围高	93.0	96.0	99.0	102.0	105.0	108.0	111.0	114.0

部位	数　值																					
胸围	76		80		84		88		92		96		100		104		108		112		116	
颈围	34.6		35.6		36.6		37.6		38.6		39.6		40.6		41.6		42.6		43.6		44.6	
总肩宽	39.2		40.4		41.6		42.8		44.0		45.2		46.4		47.6		48.0		50.0		51.2	
腰围	70	72	74	76	78	80	82	84	86	88	90	92	94	96	98	100	102	104	106	108	110	112
臀围	81.6	83.0	84.4	85	87.2	88.6	90.0	91.4	92.8	94.2	95.6	97.0	98.4	99.8	101.2	102.6	104.0	105.4	106.8	108.2	109.6	111

3. 男子服装号型各系列分档数值表

分档数值表中的采用数是设计服装部位规格档差的依据,也是服装系列规格设计的依据。

① 男子服装各号型系列分档数值见表 1–10 至表 1–13。

表 1–10　Y 体型男子服装号型系列分档数值表　　　　　　　　　（单位：cm）

体型 部位	Y							
	中间体		5.4 系列		5.2 系列		身高[1]、胸围[2]、 腰围[3]每增减 1 cm	
	计算数	采用数	计算数	采用数	计算数	采用数	计算数	采用数
身高	170	170	5	5	5	5	1	1
颈椎点高	144.8	145.5	4.51	4.00			0.90	0.80
坐姿颈椎点高	66.2	66.5	1.64	2.00			0.33	0.40
全臂长	55.4	55.5	1.82	1.50			0.36	0.30
腰围高	102.6	103.0	3.35	3.00	3.35	3.00	0.67	0.60
胸围	88	88	4	4			1	1
颈围	36.3	36.4	0.89	1.00			0.22	0.25
总肩宽	43.6	44.0	1.97	1.20			0.27	0.30
腰围	69.1	70.0	4	4	2	2	1	1
臀围	87.9	90.0	3.00	3.20	1.50	1.60	0.75	0.80

表 1–11　A 体型男子服装号型系列分档数值表　　　　　　　　　（单位：cm）

体型 部位	A							
	中间体		5.4 系列		5.2 系列		身高[1]、胸围[2]、 腰围[3]每增减 1 cm	
	计算数	采用数	计算数	采用数	计算数	采用数	计算数	采用数
身高	170	170	5	5	5	5	1	1
颈椎点高	145.1	145.0	4.50	4.00	4.00		0.90	0.80
坐姿颈椎点高	66.3	66.5	1.86	2.00			0.37	0.40
全臂长	55.3	55.5	1.71	1.50			0.34	0.30
腰围高	102.3	102.5	3.11	3.00	3.11	3.00	0.62	0.60
胸围	88	88	4	4			1	1
颈围	37.0	36.8	0.98	1.00			0.25	0.25
总肩宽	43.7	43.6	1.11	1.20			0.29	0.30
腰围	74.1	74.0	4	4	2	2	1	1
臀围	90.1	90.0	2.91	3.20	1.46	1.60	0.73	0.80

表 1–12　B体型男子服装各号型系列分档数值表　　　　　　　　　　　　　　　　（单位：cm）

体型	B							
部位	中间体		5.4 系列		5.2 系列		身高①、胸围②、腰围③每增减1 cm	
	计算数	采用数	计算数	采用数	计算数	采用数	计算数	采用数
身高	170	170	5	5	5	5	1	1
颈椎点高	145.4	145.5	4.54	4.00			0.90	0.80
坐姿颈椎点高	66.9	67.0	2.01	2.00			0.40	0.40
全臂长	55.3	55.5	1.72	1.50			0.34	0.30
腰围高	101.9	102.0	2.98	3.00	2.98	3.00	0.60	0.60
胸围	92	92	4	4			1	1
颈围	38.2	38.2	1.13	1.00			0.28	0.25
总肩宽	44.5	44.4	1.13	1.20			0.28	0.30
腰围	82.8	84.0	4	4	2	2	1	1
臀围	94.1	95.0	3.04	2.80	1.52	1.40	0.76	0.70

表 1–13　C体型男子服装各号型系列分档数值表　　　　　　　　　　　　　　　　（单位：cm）

体型	C							
部位	中间体		5.4 系列		5.2 系列		身高①、胸围②、腰围③每增减1 cm	
	计算数	采用数	计算数	采用数	计算数	采用数	计算数	采用数
身高	170	170	5	5	5	5	1	1
颈椎点高	146.1	146.0	4.57	4.00			0.91	0.80
坐姿颈椎点高	67.3	67.5	1.98	2.00			0.40	0.40
全臂长	55.4	55.5	1.84	1.50			0.37	0.30
腰围高	101.6	102.0	3.00	3.00	3.00	3.00	0.60	0.60
胸围	96	96	4	4			1	1
颈围	39.5	39.6	1.18	1.00			0.30	0.25
总肩宽	45.3	45.2	1.18	1.20			0.30	0.30
腰围	92.6	92.0	4	4	2	2	1	1
臀围	98.1	97.0	2.91	2.80	1.46	1.40	0.73	0.70

注：①身高所对应的高度部位是颈椎点高、坐姿颈椎点高、全臂长、腰围高。
　　②胸围所对应的围度部位是颈围、总肩宽。
　　③腰围所对应的围度部位是臀围。

第二节　男装成衣规格设计

一、服装成衣规格设计

1. 单号型规格设计

① 包括身高与胸围之间的关系，人体部位与服装部位之间的关系，以及与服装造型风格相关的规格设计。

② 根据国家相关标准，男性不同体形控制部位数值表中的相关部位数值进行设计。

③ 设计产品与资料甄别比较，寻找设计产品同以往产品的关联之处。

④ 成品规格设计内容，款式的风格、廓型、功能、属性影响到款式的长度和围度。成品规格确定的具体内容还应考虑主要部位比例关系与细部规格大小，即规格的详细程度要求。

⑤ 成品规格的确定。通过样衣制作和确认等一系列程序，最终确定服装成品规格数据。

2. 成衣系列规格设计

（1）号型系列设计

① 系列规格设置的依据。国家相关标准已确定男子各类体型的中间体数值，不能自行变动，号型系列和分档数值不能变，已规定男子服装的号型系列是5·4系列和5·2系列二种，不能另用别的系列。号型系列一经确定，服装各部位的分档数值也就相应确定，不能任意变动。

② 设计步骤。确定系列和体型分类，如5·4系列 A 型体、B 型体等；确定号型设置，根据供应需要，选出需要设计的号型；计算中间体各部位规格数值即中档服装成品规格数据。

（2）系列部位规格设计

① 以中间体为中心，按各部位分档数值，依次递减或递增组成规格系列。

② 控制部位数值不能变，围度的放松量要根据不同品种、款式、面料、季节、地区以及穿着习惯和流行趋势的规律随意调节，而不是一成不变。

③ 号型标准向服装规格的转化。单独的号型标准还不能裁制服装，需要通过控制数值转化成服装规格，考虑服装造型、地区、消费者的体型特征，穿着习惯，季节与流行要求，按国家服装号型标准和控制部位数值，因地制宜地确定。同时还需对各型进行技术处理。

（3）成衣系列规格设计

① 成衣主要部位规格设计，是对服装造型有影响的关键性部位规格设计。

② 成衣次要部位规格设计，是对服装造型起辅助作用的细部规格设计。

二、服装成衣系列规格设计实例

1. 服装造型分析

① 人体着装总体印象，也就是人体着装的第一感觉。

② 分析服装与人体的关系，主要了解服装长度与围度的范围。

③ 分析服装造型风格，决定服装围度的加放量。合体型、较合体型、较宽松、宽松型，净胸围分别加放 10 cm、15 cm、20 cm、25 cm；腰围与臀围加放量，按服装款式造型的胸、腰、臀之间关系进行设计。具体见表 1−14。

2. 成衣系列规格设计

① 按国家号型标准确定。

② 按企业标准确定。在遵守国家相关标准的前提下，企业可根据不同地区不同服装款式，不同需求制定自己的标准。

③ 按客户要求确定。对于外贸服装或加工型服装，客户提出或给出所需的成品规格尺寸时，应首先尽量满足客户要求，同时要分析其合理性，与国标、企业标准、常规要求是否矛盾。

④ 国家服装号型系列标准的档差值在服装工业纸样设计中，可作为放码的理论依据，加以参考和应用，在生产实际中，也可根据不同的服装造型特点，部分档差值需作灵活调整。

3. 具体实例

① 确定系列和型体。如 5·4 系列，A 型体。

② 设置号型范围。如号为 155~185 cm，型为 72~100 cm，选出需要设计规格的号型。

③ 选定中间体。查出 A 型体男上衣的中间体为 170/88，计算出中间体规格数值。为方便起见，衣长、袖长可按号的百分率加放松量求出，胸围可用型加放松量，领围和总肩宽可分别用颈围和总肩宽（净体）数值加放松量求出。例如：

衣长 = 号 ×40%+（定数）=170×40%+5=73（cm）

袖长 = 号 ×30%+（定数）=170×30%+9=60（cm）

胸围 = 型 +（定数）=88+18=106（cm）

领围 = 颈围 +（定数）=36.8+4=40.8（cm）

总肩宽 = 总肩宽（净体）+1= 43.6+1=44.6（cm）

4. 成衣规格设计注意点

服装规格设计具有随意性和极限性。随意性是指服装长度和围度可以根据服装款式和结构的变化随意设计规格，随意设计可以收到标新立异的效果。极限性是指服装规格设计受到人体的制约，它有最低极限，如围度再小也不能小于人体围度。

① 规格设计时的放松度与产品款式结构相适应；

② 放松度要与所选择的原辅材料的厚度、性能相适应；

③ 放松度要与国际、国内流行趋势相适应；

④ 放松度要与衣着地区穿着习惯相适应；

⑤ 放松度要与衣着者的性别、年龄相适应。

5. 号型应用原则

① 控制部位数值应用。国家相关标准中男子服装号型各系列控制部位数值应用时，围度可按不同品种、不同款式要求加不同松量，长度可采用按身高的百分比加减定数制定规格。

② 与人体的关系。一般设计时可采用"儿童宜长不宜短，青年宜小不宜大，矮肥宜长不宜肥，老年宜大不宜小，瘦高宜肥不宜长。"

三、男装规格与比例

男装整体规格与比例分析，如表 1-14、表 1-15 所示（注：B 为成品胸围，B* 为净体胸围，L 为衣长，SL 为袖长，W 为成品腰围，H 为成品臀围，h 为身高，N 为领围，S 为肩宽，CW 为袖口宽）。

表 1-14 男性不同服装整体规格设计表 （单位：cm）

L=	0.4 h+6~8 cm		西装类、衬衫类
	0.4 h+0~2 cm		夹克类
	0.6 h+15~20 cm		风衣类、长大衣类
WLL=	0.25 h+2cm+1~2 cm		
SL=	0.3 h+8~9 cm	+ 垫肩（一般为 1.2 cm）	西装类外套
	0.3 h+9~10 cm		衬衫类
	0.3 h+10~11 cm		大衣、风衣类
B=（B*+内衣厚度）+	0~12 cm		贴体风格
	12~18 cm		较贴体风格
	18~25 cm		较宽松风格
	大于 25 cm		宽松风格
B-W	0~6 cm		宽腰
	6~12 cm		较卡腰
H=	B- ≥4 cm		T 型风格
	B-2~+2 cm		H 型风格
	B+ >2 cm		A 型风格
N=	0.25（B*+内衣厚度）+15~20 cm		
S=	0.3B+12~13 cm		H 型风衣、大衣
	0.3B+13~14 cm		H 型风格外套
CW=0.1（B*+内衣厚度）+	2 cm		衬衫类
	6 cm		西装类
	≥8 cm		大衣类

表 1-15 男性不同服装长度规格设计表 （单位：cm）

品种	长度与号高关系	袖长与臂长	袖长标志
马甲	（31%~32%）身高	/	/
衬衫	（41%~43%）身高	全臂长 +2.5 cm	腕骨下 2~3 cm
夹克	（35%~42%）身高	全臂长 +3.5~5 cm	腕骨下 2.5~4 cm
西装	（43%~45%）身高	全臂长 +2~3 cm	腕骨下 1~2 cm
短外套	（50%~55%）身高	全臂长 +7~8 cm	齐虎口
中长外套	（56%~63%）身高	全臂长 +7~8 cm	齐虎口
长外套	（65%~70%）身高	全臂长 +7~8 cm	齐虎口

第三节　男装结构设计基础

男装结构设计可分为上装与下装结构设计两大部分，上装结构又可分为衣身、衣领和衣袖结构，下装结构主要以裤装设计为主，包括长裤与短裤结构设计。男装结构设计中，上装结构相对下装则较为复杂，如果从人体与服装结构的关联度来说，男性人体外形起伏较小，在结构中余缺处理量和变化小，具有简洁和平面化设计的特征，加之男性服装造型与结构具有程式化的特征，相比于女装结构则要简单得多。因此男装结构设计相较女装易于学习和理解。

一、上装结构设计

（一）衣身结构

衣身结构是上装结构设计的主要内容之一，研究除衣领和衣袖以外的前后身结构。以人体的基本体型（躯干）为核心，以人体体型表面形态为出发点，研究其表面曲面膜物质的构成规律；衣长、胸围、腰围、肩宽、领围、胸宽、背宽等部位尺寸的增减变化，衣片的省道转移以及剪切拉展变化等，达到服装造型和人体体型的吻合，创造出优美的服装造型。

1. 基础衣身

基础衣身是构成服装最基础的样片，符合人体原始状态的基本形状，包含服装造型所必需的最基本的人体体型特征信息，体现最少的服装款式信息，一般以人体躯干腰线以上部位作为研究对象，也称"服装原型"。20世纪80年代在我国出现最早的是日本文化服装学院的"男装原型"，但真正得到推广和运用的远不如"女装原型"。随着我国服装业发展及各服装院校在教学上的需要，国内一些知名的服装院校相继研发出"男装原型"，其中业内较为推崇的是"东华大学"研制的"男装原型"，如图1-1所示。

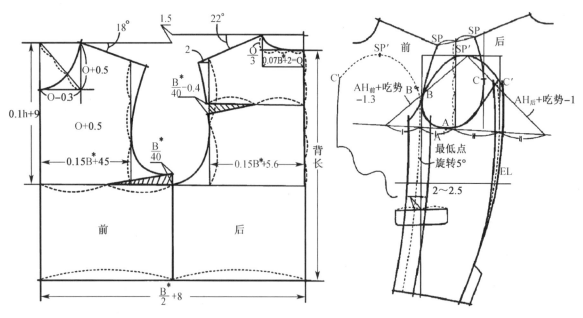

注：h为身高，B*为净体胸围，SP为肩颈点。

图1-1　东华大学版男装原型图（单位：cm）

2. 浮余量大小与衣身整体平衡方法

① 浮余量大小。浮余量同人体净围、垫肩、胸围宽松量相关，前浮余量 =B*/40-1h′-0.05（B-B*-18），后浮余量 =B*/40-0.4-0.7h-0.02（B-B*-18），近似值：（B*=92）前浮余量 =2，后浮余量 =1，（B* 增加 4；浮余增加 0.1）。（注：h′ 为垫肩厚度，B 为成品胸围，B* 为净体胸围）。

① 衣身平衡方法。衣身平衡主要有箱型平衡、梯型平衡、梯型箱型平衡三种形式，一般以箱型平衡和梯型箱型平衡形式为主，消除方法可分为三种，如图 1-2 所示。

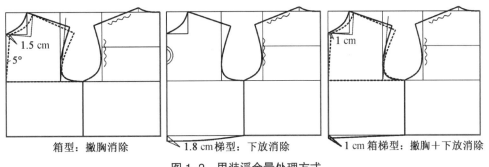

图 1-2 男装浮余量处理方式

第一种为前浮余量全部放在前胸撇胸处，用于西装类外套；

第二种为前浮余量大部放在前衣身 WL 线下，少部放在袖窿处，用于衬衫类；

第三种为前浮余量部分放在前衣身 WL 线下，部分放在前衣身的撇胸处，主要用于夹克、中山装等。

3. 衣身部位结构

（1）领口结构

领口是衣身结构的一部分，在衣身上分布为前大后小，形状与人体颈部及衣领的造型变化相关，造型变化丰富，主要包括无领结构和有领结构两类。

① 无领领口。无领领口具有轻便、随意、简洁等独特风格，主要有四种基本造型：基本型、一字型、方型、V 型，如图 1-3 所示。开襟式无领领口结构前浮余量可直接以撇胸处理，套头式无领领口结构在处理前浮余量，用撇胸方法：后横开领大于前横开领 1.5 cm 左右。

基本型　　　　　　　一字型　　　　　　　V 字型　　　　　　　方型

图 1-3 无领领口四种基本造型图

② 有领领口。有领领口即为领口上安装衣领的领口，此类领口必须同衣领造型相配合，领口造型主要包括关门领（立领）和开门领（翻领）两大类。男式日常衬衫领口造型是关门领（立领）领口特殊的一种变化如图 1-4 所示。

（2）撇胸

撇胸是指前衣身领口前中心线至胸围线处去掉的部分，其量为 1.5～2 cm，是衣身结构平衡要求下不可忽视的方法。男性前胸与颈窝点倾斜度在 20°和 25°之间，现代男装结构兼顾舒适与运动需求，实际使用为其 1/4 即 5°，对应数据为 1.5～2 cm，撇胸量就是将此量去除。较宽松、宽松型服装可不撇胸，包括一些特殊要求不使用撇胸的服装结构，可采用加大门襟起翘量和使用工艺归拔的方法处理平衡。

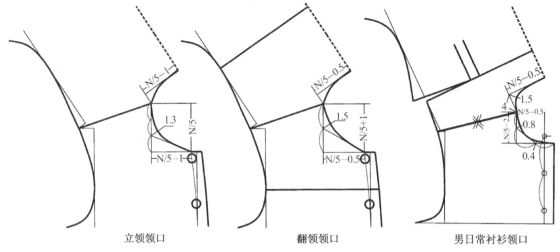

图 1-4 有领领口的变化图（单位：cm）

立领领口　　　　　翻领领口　　　　男日常衬衫领口

（3）肩部结构

肩部是服装平服、合体及前后平衡的重要部位，人体的肩斜度一般在 18° 和 24° 之间，男性人体肩斜度平均值约为 24°，不加垫肩的原型肩斜度平均值为 22°（女性为 20°），前肩斜大于后肩斜；实际使用在 20° 上下，同时还应减去 0.7 垫肩的厚度，目前日系西服流行前肩斜小于后肩斜（使肩线后移）。在结构设计时肩斜度可以通过量角器获取，但也可以用对应数据方法直接绘制。图 1-5 就是以直角三角形方法直接绘制出肩斜度。

（4）袖窿结构

① 胸背宽。前胸宽 =B/6+2～2.5 cm，后背宽 =B/6+3～3.5 cm，B 为成品胸围。

② 袖窿深。袖窿深度一般为人体的净体腋窝下 3～5cm 的位置，服装结构中肩点至胸围线距离。具体有两种定位方法，一是后颈中点～胸围线，使用公式为（B/6+7～8 cm）。二是前肩点～胸围线，使用公式为 1.5B/10+3 cm+A（调节量），A=1 cm 为贴体风格，A=2 cm 为较贴体风格，A=3 cm 为较宽松风格，A≥4 cm 为宽松风格，如图 1-6 所示。

③ 袖窿宽与袖窿弧长大小。袖窿宽度等于半胸围减去胸背宽的量，约为 B/6-6cm；袖窿大小一般以 AH 表示，以胸围比例折算，AH 近似等于 1/2B（90%～95%）。

④ 袖窿深与前后冲肩量取值。前后冲肩量取值同服装造型风格相关，如图 1-7 所示。

宽松型风格：前冲肩量取 1～2 cm，后冲肩量取 1～1.5 cm；

较宽松风格：前冲肩量取 2～2.5 cm，后冲肩量取 1.5～2 cm；

较贴体风格：前冲肩量取 2.5～3 cm，后冲肩量取 1.5～2 cm；

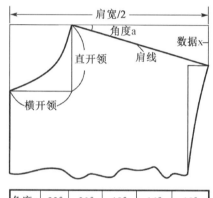

角度a	22°	20°	18°	16°	15°
数据x	6 cm	5.5 cm	5 cm	4.5 cm	4 cm

图 1-5　肩斜度与数据关系图

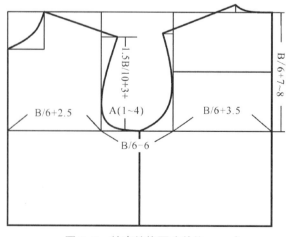

图 1-6　袖窿结构图（单位：cm）

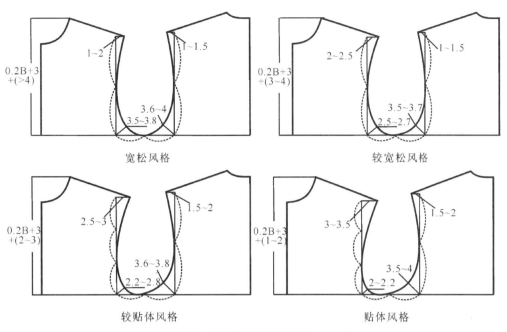

图1-7 冲肩量取值图（单位：cm）

贴体型风格：前冲肩量取3~3.5 cm，后冲肩量取1.5~2 cm；

极贴体风格：前冲肩量取3.5~4 cm，后冲肩量取2~2.5 cm。

（5）部件结构

① 口袋位置。口袋是服装的主要部件之一，有实用和装饰功能，衣身上主要分为小胸袋和大胸袋两类。小胸袋位置设置：高低以胸围线向上1~3 cm定位，左右一般以胸宽的1/2处为袋口的中间，或距胸宽线3~4 cm。大胸袋的位置设置：高低以腰节线向下8~10 cm定位，左右一般为胸宽线向前移1.5~2.5 cm位置作为大胸袋的中心，两边均分，一般设计成后端比前端高1~1.5 cm的形状来保持视觉效果。插袋及贴袋也遵循这一规律，如图1-8所示。

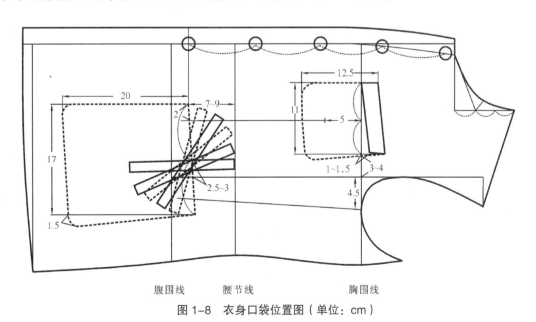

图1-8 衣身口袋位置图（单位：cm）

② 门里襟。门里襟为服装的开合而设计，一般处于衣身的前中心线上，分为对襟和搭襟两种。对襟为左右衣身在前中心处无重叠量，门襟止口即为前中心线。开合方式一般使用拉链或搭扣，但

需要另加一根里襟条，男装放置于左身门襟。搭襟是指有搭门的门襟，分左右两襟。衣身开合时，一片搭在另一片上，一般遵循男左女右的规律，即男装的扣眼锁在左襟上，女装的扣眼锁在右襟上。搭襟的宽度又可分为单排扣和双排扣两种形式。其宽度按服装种类来确定。单排扣服装：衬衣类搭门宽为1.7～2 cm，套装类搭门宽2.5～3 cm，外套类搭门宽3.5～5 cm。双排扣服装：衬衣类搭门宽为5～7 cm，套装类搭门宽6～9 cm，外套类搭门宽8～11 cm。

③ 扣位与眼位。扣位确定的方法一般先确定第1粒扣位和最后1粒扣位，其他扣位按上下间距等分即可。第1粒扣位正常在领深与搭门的交点向下一个扣粒直径加0.7 cm左右，一般为2～2.5 cm。最后1粒扣位一般以衣长的1/4左右的量进行设计。眼位有横竖之分，横眼是从搭门线向外0.3 cm，然后再向里量扣眼大；竖眼是由扣位在搭门线向上0.3 cm，然后再向下量扣眼大，其中扣眼大等于扣粒的直径加扣粒的厚度（0.5 cm左右）。如纽扣直径为2 cm，则扣眼大为2.5 cm。

（二）衣领结构

领子是服装的关键部位之一，衣领结构由领口和领型两部分组合而成，领口形状配合领型而定，两者合理配合才能达到最佳效果。领口结构前面已作介绍，这里主要介绍领型结构。领子造型种类繁多，按结构主要包括立领、翻领、平领、帽领这几类。

1. 立领

领子直立于领口之上，造型简洁、利落、精干。根据上下领口的差量或领子同水平面的角度，可分为直立领、内倾立领和外倾立领，常规设计如图1-9所示。此外还应把握领下口线同领窝线的关系：立领直立于领口，同颈部平行，领下口线同领窝线为直凹组合；立领内倾，贴于颈部，领下口线同领窝线为凸凹组合；立领外倾，游离于颈部，领下口线同领窝线为凹凹组合，如图1-10所示。

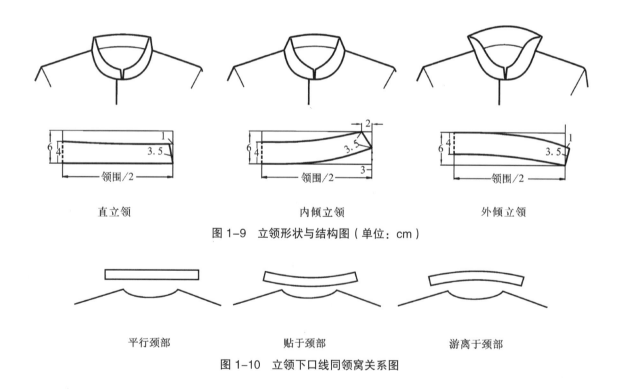

直立领　　　　　　　　　　内倾立领　　　　　　　　　　外倾立领

图1-9　立领形状与结构图（单位：cm）

平行颈部　　　　　　　　贴于颈部　　　　　　　游离于颈部

图1-10　立领下口线同领窝关系图

2. 翻领

指在领口部位能够按要求自由翻折的领型。即领子先立于领口后，再翻折于领口。此类领型分底领和外翻领两个部分，是男装中应用最为广泛的领型。根据底领立于领口的程度，可分为全底领翻领和半底领翻领，因此又可延伸为一片式翻领（连底领）和两片式翻领（分底领）；同衣身的领口处结合可称之为翻驳领，又有关门领与敞门领之称。翻领造型丰富，结构复杂，既有庄重、严谨效果，又有美观、潇洒的特点。

（1）一片式翻领

翻领与底领为一个整体（相连）的领型。其底领宽度从 0.5 cm 至 5 cm 不等，翻领宽度为 3~10 cm，此类领子的结构设计与工艺制作上相对较为容易、简洁，不足之处在于翻折线远离人体的脖子，直线状不合体，适合简易服装造型选择。这类领子结构设计主要把握两个关键因素：一是后中起翘量与翻底领差量关系，二是领翻折线形态对领下口线形状要求。

① 后中起翘量方法。精确设计方法：先将其理解为以领围长度为单位的矩形，再将翻折于衣身的翻领外口量同矩形长度作比较，将差量插入，使矩形变形，按要求画顺上下口线，则翻领结构设计便算完成；简单近似处理方法：后中起翘量为翻底领的差量，如翻领宽为 4 cm，底领宽为 3 cm，则翻领后中的起翘量近似取 ≤ 1 cm 的量，如图 1-11 所示。

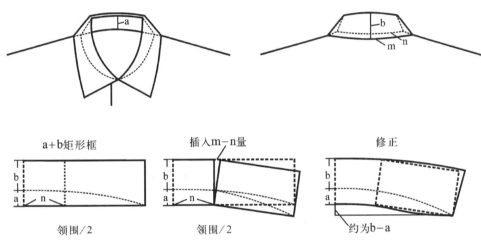

图 1-11　翻领后中起翘取值图

② 领翻折线形态。翻领的领翻折线形态有 V 型直线形态和 U 型弧线形态两种。一般情况下 V 型翻领在结构数据的表现上，翻底领之间的差量小于 2 cm，U 型翻领在结构数据的表现上，翻领与底领之间的差量大于 2 cm，这是造型与结构相统一所决定的。V 型翻领在绘制领下口线时要求同前身领口弧线相同，即凹凸相应。U 型翻领在绘制领下口线时要求同前身领口弧线相对，即凹凹相对，如图 1-12 所示。

（2）两片式翻领

两片式翻领也称分底领，有全底领和半底领之分。这类翻领有底领和外翻领两部分，该种领型实际采用了分割手法将一片式翻领在翻

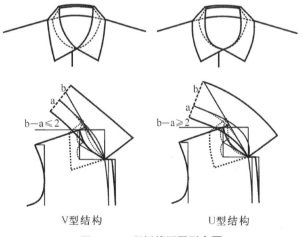

V 型结构　　　U 型结构

图 1-12　翻折线不同形态图

折线处分开，通过结构处理方法，缩小翻折线的长度，让翻折线变圆顺，使其贴合人体颈部。典型的领型有全底领型的男衬衫、中山装、风衣等领型，半底领型的男休闲装、巴尔玛外套领型等。

① 全底领翻领（立翻领）。底领为立领结构，一般通过前端起翘结构来调整领上口线的长短；外翻领通过领后中起翘调整其下口线的长度。一般情况下，全底领领座与外翻领相拼接的两条弧线弯曲度正好相反（凹凹相对），并要求外翻领弧线曲度要略大于领座弧线的曲度 0.5~0.8cm，通过

成衣工艺吃进，使外翻领能够易翻折和有基本松量。其中底领与外翻领的起翘量多少决定了衣领上口的合体程度，同时也与外翻领宽度有关系，外翻领较宽则起翘量就大，反之则小。典型全底领翻领如图1-13所示。

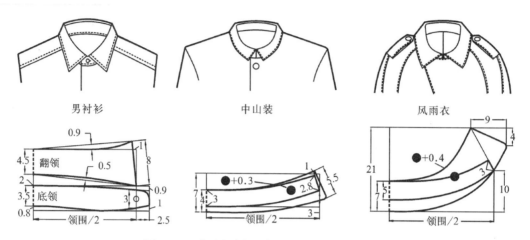

图1-13　典型全底领翻领结构图（单位：cm）

② 半底领翻领（卧式翻领）。底领部分同翻领分开，部分同翻领相连，分开的部分一般处于翻领的中间位置，也称"挖领脚"。这类领子的出现主要是为了解决一片式翻领在成品造型上的不足，翻折线不圆顺，远离人体的颈部，同时也是简化成衣工艺（归拔）的一种结构方法。半底领结构运用广泛，一般的翻领款式均有分底领结构设计。这类分底领结构设计方法，在男装外套类服装中为领子造型与结构的必选，一般配合两用功能领型，即当门襟将第一粒纽扣闭合则为关门领，第一粒纽扣解开则为敞门领。典型半底领翻领如图1-14所示。

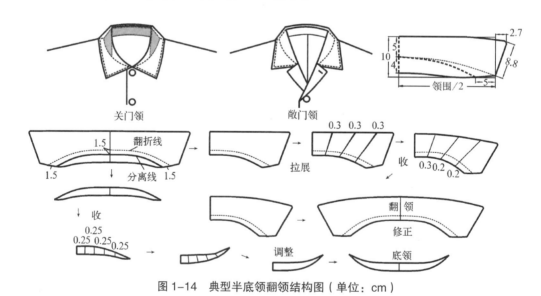

图1-14　典型半底领翻领结构图（单位：cm）

3. 翻驳领

领子翻驳于衣身的一种领型。由翻领与衣身驳头共同组成，是各种领型中最富有变化，用途广泛，结构最为复杂的一种领型。常见的为西服驳领、礼服驳领、外套大衣驳领和风衣驳领等。按其构成可分为连翻驳领、立驳领、连驳领等。

（1）连翻驳领

连翻驳领是最常见也是最基本的一种驳领领型。翻领与驳头相连（通过成衣工艺）为一个整体的领型，由驳头和翻领两大部分组成。其中，驳头由驳头宽、驳折线、串口、驳口等构成，翻领则有底领与外翻领、翻领口、翻领咀等部分构成。连驳翻领结构主要掌握三个要素：翻底领宽度、驳折线位置、翻领松度。底领宽一般取值为 2～5 cm，翻领宽则根据造型而定。驳折线位置则需确定止点位置和其在领口处位置，其中领口处位置的驳折点最为重要，此点也称为驳口基点。此处确定方法已有许多研究，将其置于肩线在领口的延长线上已成为共识，精确的方法以底领和翻领在肩颈点处的位置，通过数学的映射原理，在肩线的延长线上找出驳折线在领口的位置，如图 1-15 所示。近似快速求取方法，可用底领宽的 2/3 量。此外翻领松度是翻驳领结构中最为关键的要素，翻领松度的多少取决于底领与翻领宽的差数以及材料的厚薄。目前国内外求取翻领松度的方法很多，如角度法、比例法、定寸法、作图法、公式法等，图 1-16 为制图法求取翻领松度。较为快速和近似方法可使用：翻领松度 =（翻领宽 - 底领宽）/2+ 面料基本松量（薄料 0.8～1.3 cm，中性料 1.4～1.9 cm，厚料 2～2.5 cm），具体如图 1-17 所示。

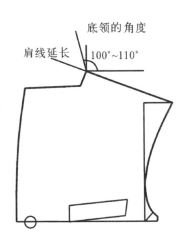
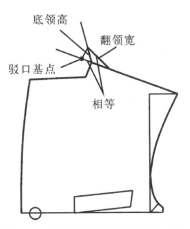
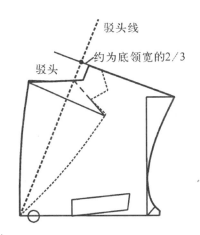

图 1-15　驳口基点定位方法图（单位：cm）

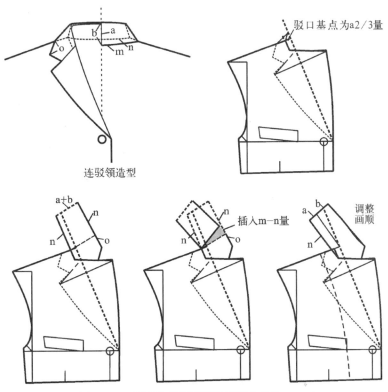

图 1-16　制图法求取翻领松量图（单位：cm）

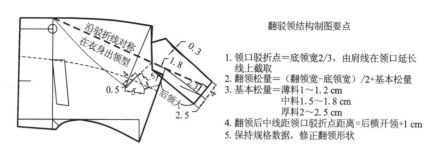

翻驳领结构制图要点

1. 领口驳折点=底领宽2/3，由肩线在领口延长线上截取
2. 翻领松量=（翻领宽-底领宽）/2+基本松量
3. 基本松量=薄料1～1.2 cm
   中料1.5～1.8 cm
   厚料2～2.5 cm
4. 翻领后中线距领口驳折点距离=后横开领+1 cm
5. 保持规格数据，修正翻领形状

图1-17　近似法求取翻领松量图（单位：cm）

（2）立驳领

前端有领脚的连翻领装于有驳头的衣身领口上的一种组合领型，即立翻领与驳领的组合。其特点是衣身驳出驳头，但翻领不随驳口驳翻，而独自立起折翻，成为独具风格的领型。典型的为男式风衣领，如图1-18所示。

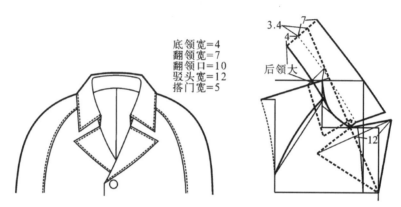

底领宽=4
翻领宽=7
翻领口=10
驳头宽=12
搭门宽=5

图1-18　立驳领结构图（单位：cm）

（3）连驳领

翻领与衣身驳头整体相连的一种翻驳领变化领型。正面翻领与挂面为一整体，反面翻领仍缝装于衣身的领口线上。在驳领类型中属于特殊领型结构，典型的如青果领、燕尾领等，如图1-19所示。

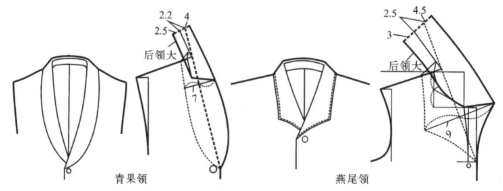

青果领　　　　　　燕尾领

图1-19　典型连驳领结构图（单位：cm）

4. 平领

领子平贴于领口外的前后衣身与肩部周围，也称袒领、披肩领、水手领，是一种无底领或底领

较小的领型。翻领较宽披在肩部，给人以年轻、活泼之感。外观上领子形状与结构似乎同其覆盖于衣身大小部位形状一致，但实际上在该领的后领口处则必须有小领座，一般为 1~2 cm，否则该领子成形后会外翻后领口线。严格意义上讲，平领也是翻领的一种特殊形态。平领结构设计方法一般将前后衣身以肩线拼合后绘制出领型，同时应保持前后肩线重叠，重叠后使领子外口线缩减，导致领子后中抬升而形成领座。重叠量同领座关系为 4:1，结构设计如图 1-20 所示。

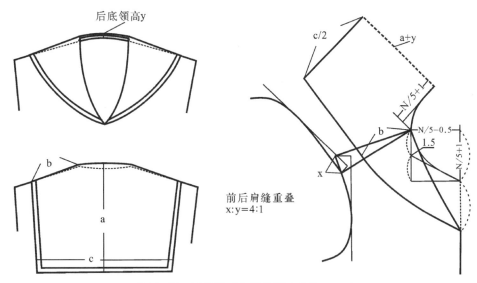

图 1-20　平领款式与结构图（单位：cm）

5. 风帽领

以风帽形式直接装接于衣身前后领口上的一种衣领，简称风帽领。风帽领前卫、时尚、青春、靓丽，款式与结构多变，可产生不同风格效果。结构设计时一般将前后衣身沿肩线置于一条直线上，得到前后领口形状，然后再于衣身上出领型，一般以帽座 1~4 cm、帽宽 25~30 cm、帽高 30~35 cm 进行结构设计，如图 1-21 所示。

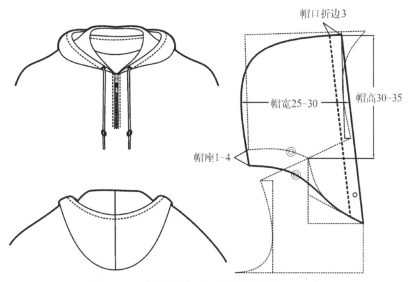

图 1-21　风帽领款式与结构图（单位：cm）

（三）衣袖结构

衣袖是服装造型与结构设计中的重要组成部分，造型与结构十分丰富与复杂，按构成袖型的结构形式可分为装袖和连袖两类。装袖包括直身与弯身、一片、两片与三片等；连袖可分为连身与连肩（插肩）等。按长度可分为短袖、半袖、七分袖、长袖等。衣袖主要由袖山高和袖下长两大部分构成。在结构设计时需要把握袖山与袖肥取值、袖山弧长与袖窿弧长的数值关系、袖山弧线与袖窿弧线对应关系。

1. 服装造型风格同袖山、袖肥取值关系

宽松风格：袖山 =0 ~ 9 cm，袖肥 =B/5+（1.5 ~ 2）cm；较宽松风格：袖山 =9 ~ 13 cm，袖肥 =B/5+（0 ~ 0.5）cm；较贴体风格：袖山 =13 ~ 17 cm，袖肥 =B/5-（1 ~ 1.5）cm；贴体风格：袖山 =17 ~ 19，袖肥 =B/5-（2 ~ 3）cm。如图 1-22 所示。B 为装服成衣规格。

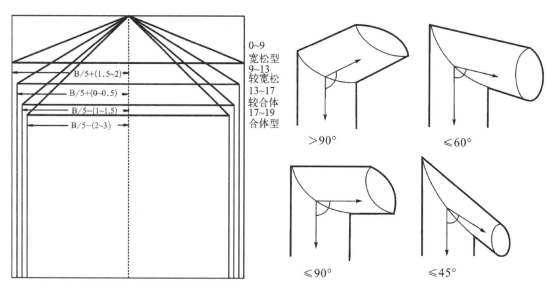

图 1-22　袖型风格同袖山、袖肥取值关系图（单位：cm）

2. 袖山弧长与袖窿弧长的数值关系

根据服装造型风格与所使用材料的性能，即材料的缩缝量，计算两者之间的关系。薄型材料：宽松风格袖山，缩缝量为 0 ~ 1.5 cm，袖山弧长 = 袖窿弧长 +0 ~ 1.5 cm。较厚型材料：较贴体风格袖山，缩缝量为 2 ~ 3 cm，袖山弧长 = 袖窿弧长 +2 ~ 3 cm。厚型材料：贴体风格袖山，缩缝量为 3.5 ~ 4.5 cm，袖山弧长 = 袖窿弧长 +3.5 ~ 4.5 cm。特厚型材料：贴体风格袖山，缩缝量为 4.5 ~ 5.5 cm，袖山弧长 = 袖窿弧长 +4.5 ~ 5.5 cm。袖山弧长缩缝量的分配比例如图 1-23 所示。

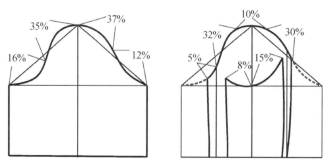

图 1-23　袖山弧长缩缝量分配图

3. 袖山弧线与袖窿弧线对应关系

衣身与袖身的吻合，除袖山弧长与袖窿弧长的数量关系相对应外，还需袖山弧线与袖窿弧线相对应。直身袖体现于前袖山弧线，弯身袖体现于袖底弧线，连袖体现于重叠线，如图1-24所示。

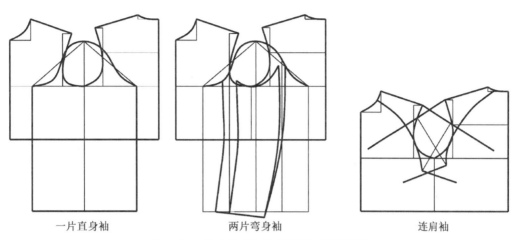

一片直身袖　　　　　两片弯身袖　　　　　连肩袖

图1-24　袖山弧线与袖窿弧线对应关系图

4. 直身袖

衣袖的原始形态，也称平袖，以袖肥线分上山下身两部分，袖身平直、简单，有1片、2片，甚至多片之分，常见的男衬衫袖、夹克衫圆装袖等均属于此类袖型。如在袖山或袖身做一点变动则就会变为其他袖型。图1-25为直身袖变弯身袖。此外，直身袖结构还应把握不同袖山高与袖山弧线形状之间的关系，如图1-26所示。

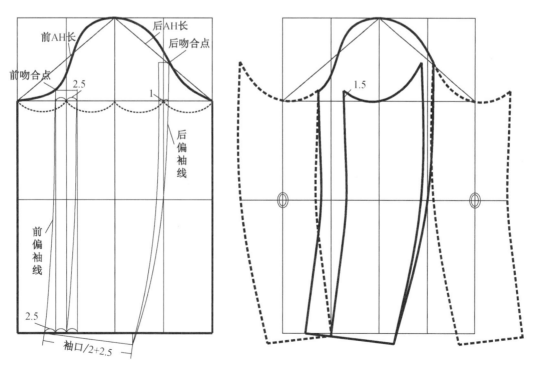

图1-25　直身袖变弯身袖图（单位：cm）

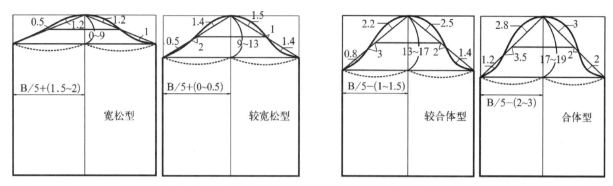

图1-26　不同袖山高与袖山弧线对应关系图（单位：cm）

5. 弯身袖

袖身同人体手臂的自然形态相吻合（上臂直，下臂自然向前弯曲）的一类袖型，有1片、2片，甚至多片之分，常见的是外装袖弯身袖结构和连袖弯身袖结构。

① 外装袖弯身袖结构。类似西装类袖型（两片弯身袖），该袖型依照男性人体臂根高与臂根宽的比例关系，再以（上半身）原型的袖窿长，袖窿宽以及袖窿弧线的形状为依据，根据在设计中会出现不同风格的情况，以两种不同的曲线结构制成一片袖原型。并且将一片袖结构再转成两片袖结构，以适应更广泛的设计形式。弯身袖的结构设计除于直身袖的基础上通过转化获取外，一般采用单独绘制的方法，如图1-27所示。

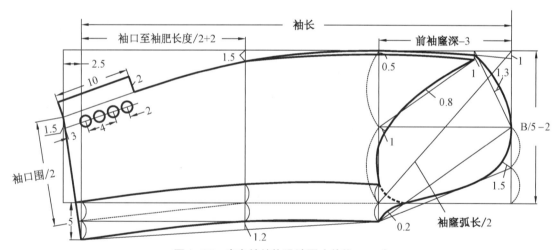

图1-27　弯身袖结构设计图（单位：cm）

② 连袖弯身袖结构。类似插肩袖类袖型，该袖型依照插肩（连身）结构方法，处理好衣身同肩袖关系后，将袖中线向前身偏离4 cm；同时，同步移动前后袖口位置，再处理好前后袖底缝关系即可。后续也可根据造型与结构需要，进行更为复杂的组合，如图1-28所示。

6. 连袖

衣袖同衣身肩部、衣身部分或整体相连的袖型。连袖的形式众多，肩部与袖身相连则为连肩袖（插肩袖），衣身同袖身相连则为连身袖，这当中可变化出多种形态。但不论连袖的何种变化形态，掌握几个关键因素是解决连袖结构的基本条件。连袖结构设计如图1-29所示。

（1）袖中线角度

袖中线角度是连袖结构设计的关键，不同的服装造型风格对应不同的袖中线角度。连袖结构服装造型风格同袖中线与水平线夹角的关系如下：

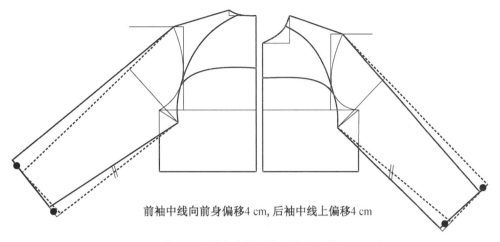

前袖中线向前身偏移4 cm，后袖中线上偏移4 cm

图1-28（a） 连袖弯身袖结构设计图（单位：cm）

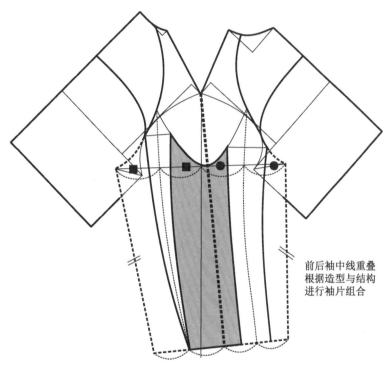

前后袖中线重叠
根据造型与结构
进行袖片组合

图1-28（b） 连袖弯身袖结构变化组合图

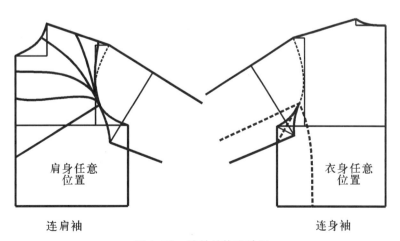

肩身任意
位置

衣身任意
位置

连肩袖

连身袖

图1-29 连袖结构设计图

宽松型风格：前袖中线与水平线交角为 a=0°~20°，后袖为 a-2°；

较宽松风格：前袖中线与水平线交角为 a=21°~30°，后袖为 a-2°；

较贴体风格：前袖中线与水平线交角为 a=31°~45°，后袖为 a-2°；

贴体型风格：前袖中线与水平线交角为 a=40°~65°，后袖为 a-2°。

近似取值：以直角三角形方法直接绘制出袖中线角度，首先确定直角三角形的两条边的长度，然后画出斜边（袖中线），如图 1-30 所示。

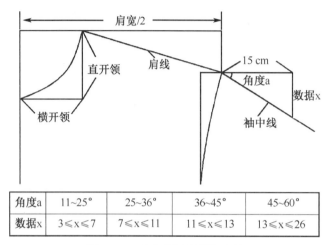

角度a	11~25°	25~36°	36~45°	45~60°
数据x	3≤x≤7	7≤x≤11	11≤x≤13	13≤x≤26

图 1-30　袖中线与数据关系图

（2）袖底点位置同袖肥与袖山高取值关系

宽松风格：袖山 =0~9 cm，半袖肥 =B/5+1.5 cm；较宽松风格：袖山 =9~13 cm，半袖肥 =B/5+0.5 cm；较贴体风格：袖山 =13~17 cm，半袖肥 =B/5-1.5 cm；贴体风格：袖山 =17~20 cm，半袖肥 =B/5-3 cm。如图 1-31 所示。

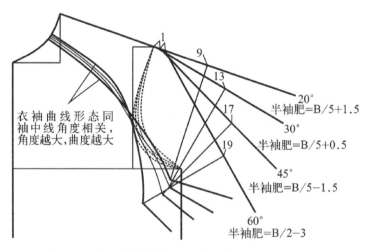

图 1-31　袖底点位置同袖肥与袖山高取值图（单位：cm）

（3）袖口取值要求

前袖口围 = 袖口围 /2−0.5 cm，后袖口围 = 袖口围 /2+0.5 cm。

7. 插角袖

插角袖为连袖的一种变化形式，袖身与衣身整体相连，为达到衣袖造型合体且还能具有一定的活动空间，在腋下插入一个三角裆布的结构设计方法，一般多用于女装，男装较少使用。男装常见于中性服装造型与结构设计当中。插角袖结构既能达到袖肥较合体，肩型美观，同时也能活动自由。结构设计方法如图 1−32（a）、图 1−32（b）所示。

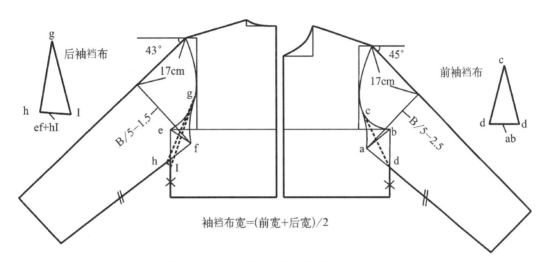

图 1−32（a） 插角袖结构设计图（单位：cm）

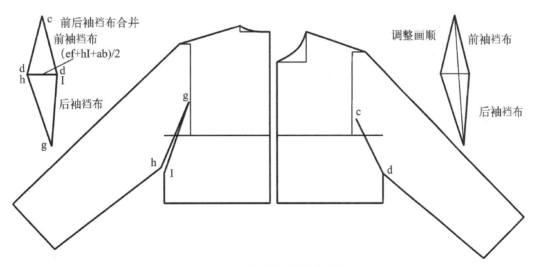

图 1−32（b） 插角袖结构设计图

人体腰线以下所穿着的服装总称为下装，根据人体腰、臀和两腿形态及运动机能进行设计，其基本结构主要由裤长、腰围、臀围、腿围及脚口围所构成，男性下装一般是指裤装。男裤基本结构（原型）是按照人体下半身的形体结构和基本松量来设计的，其中不含有任何流行因素和风格倾向，在实际应用中，可根据不同的功能和设计风格，来确定放松量的调整和服装结构的变化。男裤基本结构如图1-33所示。

（注：本节中，h为身高、H为成衣臀围、W为成衣腰围、TL为裤长。）

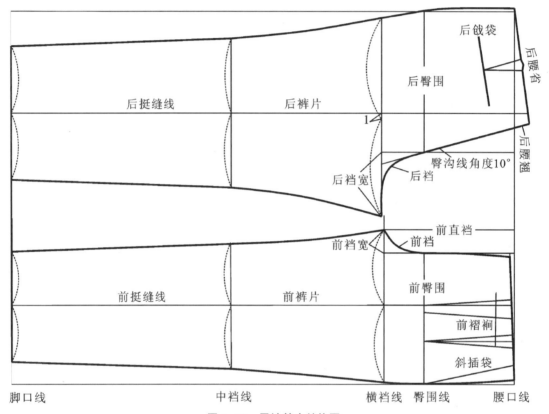

图1-33　男裤基本结构图

1. 主要部位分析

（1）裤长设计

超短裤：裤长 ≤ 0.44 h-10 cm 的裤装；

短裤：裤长（0.4 h-10 cm）~（0.4 h+5 cm）的裤装；

中裤：裤长（0.4 h+5 cm）~ 0.5 h 的裤装；

中长裤：裤长 0.5 h ~（0.5 h+10 cm）的裤装；

长裤：裤长（0.5 h+10 cm）~（0.6 h+2 cm）的裤装。

（2）臀围放松量与分配

贴体型：（4%~8%）H，裤臀围的松量为 0~6 cm 的裤装；

较贴体型：（8%~15%）H，裤臀围的松量为 6~12 cm 的裤装；

较宽松型：（15%~20%）H，裤臀围的松量为 12~18 cm 的裤装；

宽松型：> 20%H，裤臀围的松量为 18 cm 以上的裤装。

（3）上裆设计

腰节至臀股沟（躯干下部与下肢上部）的水平部位为裤装上裆部分，包括前直裆和后直裆（也称前浪和后浪），由腹部、臀部、两侧髋骨及大腿根等凸凹曲面构成，是裤子结构设计的重点和难点部位。其中一般将前直裆（前浪）作为裤装结构设计的一个重要部位和数据来对待，后直裆（后浪）设计时，只需在前直裆的基础上加上后腰翘即可。前直裆从腰头计，按测量值减去腰头宽与小裆弧线长折算，取平均值：直线长 26～27 cm，弧线长 32～33 cm，也可用按公式计算，大致如下：

1/10 裤长 +1/10H+10 cm（包括腰头宽）；

1/5H+9.6 cm（包括腰头宽）；

1/4H+2 cm（包括腰头）；

1/10 号 +1/10H（包括腰头）。

当前较流行短直裆结构，使用腰口在门襟处下落 1.5 cm 左右的结构方法。

（4）下裆与中裆

臀股沟（躯干下部与下肢上部）的水平部位至脚口为裤装的下裆部分。裤装一般以横裆线（大腿根部水平线）分上裆和下裆两个部分。中裆一般为人体膝围线位置，在八头身人体比例中，膝围位置一般为臀围线至脚口的 1/2 处。在运用于裤装结构设计当中，一般会上提 3 cm 左右，用以增长小腿的长度，让裤装有挺拔、修长、洒脱之感。

（5）挺缝线与脚口

裤装挺缝线与脚口关系紧密，挺缝线不但起对称作用，而且还是脚口位置的依据。前裤片挺缝线一般以前片横裆线的量为准，过其中心将前裤片对称，前脚口则根据挺缝线位置设计。后裤片挺缝线也以后横裆线的量为准，过其中心向侧缝偏离 1 cm，实际上后横裆线如沿挺缝线对折，则后裆门会多出 2 cm 量，这个量就是作为后裤片的拔裆量来设计的。后脚口同样根据后挺缝线位置进行设计。

（6）总裆门设计

贴体型：（13%～15%）H；

较贴体型：（15%～17%）H；

较宽松型：（17%～19%）H；

宽松型：（19%～25%）H；

正常值：（15%～16%）H；

前裆门≥ 1/4 总裆门；后裆门≤ 3/4 总裆门。

（7）褶裥和省道

裤装褶裥设计一般运用于前裤片腰口，起平衡和调节作用。一是平衡腰臀之间的差量，二是调节前后腰量的分配，同时也有装饰效果。褶裥总量一般控制在 4～6 cm，无固定数值，一般应根据需要进行分配调整。省道正常设计在后裤片腰口，功能上起到适合臀凸的效果，目前男裤流行一个省道设计，总量不大于 3 cm。

（8）后裆线与后翘

后裆线是人体臀沟线，此处主要把握臀沟线的垂直交角，男性约为 10°左右（女性约为 12°左右）。在实际结构运用时也可根据"量型关系"进行调整，一般以增大交角的方式进行。实际使用约为 15°～20°。后翘是后裆线在腰口上抬的量，其功能是适合人体在屈体下蹲对裤装上裆部位拉伸最大化所需要的量，一般设计为 2.5～3 cm。

（9）口袋

男裤一般都会在前裤片设计口袋，以方便使用，有直插袋和斜插袋两类。直插袋袋口一般设计在两侧的裤缝内，斜插袋袋口则在前裤片腰口两侧。男裤后裤片一般也会设计口袋，以嵌线口袋居多，有单嵌线和双嵌线口袋，袋口宽为 1～1.5 cm，长为 14 cm。

2. 长裤结构

（1）主要部位测量与加放

裤长：腰围线沿侧缝量至脚跟；

直裆：腰围线沿前门襟量至腿根围下 2 cm；

腰围：净腰围 +2 cm；

臀围：净臀围 +10～12 cm（根据造型设计加放量）；

横裆：腿根围 +10～12（根据造型设计加放量）cm；

脚口：1/5H ± 调节量，一般取值 20～22 cm、22～24 cm。

（2）结构设计时各部位的取值

裤长（TL）=0.6 h+2 cm=104 cm；

前后 H 量的分配，前身 =H/2−1 cm，后身 =H/2+1 cm；

直裆量的取值，连腰 30 cm；

中裆位：膝围线上提 3 cm；

褶裥与省量在保持板型的基础上可变化，一般分别为 3～4 cm，1.5～2 cm；

前裆门 =H/20−1 cm，后裆门 =H/10+2.5 cm；

前后裆落差 0.5～0.7 cm；

后裆角度 =10°，对应后裆门处进 2.5 cm；

后袋大小 =13.5 cm×1 cm；设计为一个省道，其量为 ≤ 2 cm；

后翘取 2.5～3 cm。

3. 短裤结构

（1）主要部位测量与加放

裤长：腰围沿侧缝量至膝关节上 5 cm 左右；

直裆：腰围沿前门襟量至腿根围下 1.5 cm；

腰围：净围 +2 cm；

臀围：净围 +12～14 cm（根据造型设计加放量）；

横裆：腿根围 +10～12 cm（根据造型设计加放量）；

脚口：1/5H ± 调节量，一般取值分别为 26～28 cm、28～30 cm。

（2）结构设计时各部位的取值

裤长（TL）=0.3 h±1 cm；

前后 H 量的分配，前身 =H/2−1 cm，后身 =H/2+1 cm；

直裆量的取值，连腰 31 cm；

褶裥与省量在保持板型的基础上可变化，一般分别为 3～4 cm，1.5～2 cm；

前裆门 =H/20−1 cm，后裆门 =H/10+2.5 cm；

前后裆落差 3 cm；

后裆角度 =10°，对应后裆门处进 2.5 cm；

后袋大小 =13.5 cm×1 cm；设计为一个省道，其量为 2 cm；

后翘取 2.5～3 cm；

前脚口 =1/2 脚口 −3 cm，后脚口 =1/2 脚口 +3 cm。

第二章 | 男下装结构设计与纸样工艺

第一节 长 裤

一、西裤

西裤款式图如图 2-1 所示。

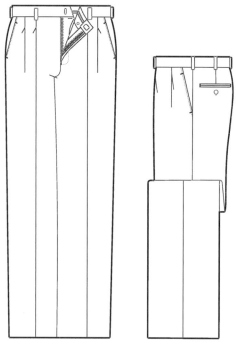

图 2-1 男西裤正、侧面款式图

1. 结构与工艺

① 结构特点。西裤结构亦为裤装类具有广泛代表性的裤装结构，对其他裤型有参考作用。采用四分结构设计方法，由前后各两个裤片构成。横裆、中裆、脚口是影响造型与结构的三大部位。其中横裆位置相当重要，向上关系到上裆的深浅，向下影响到下裆高低，其宽度大小则影响裤型和松紧关系。

② 用料与工艺方法。西裤一般同上装用料相一致（套装），选择精纺毛织物较多，采用精做西裤工艺，腰头用树脂衬与专用腰里布，前后裆缝滚边，使用裤膝绸，门襟用拉链与专用裤钩，里襟用纽扣闭合。上下裆缝及侧缝均分缝，脚口为缲边工艺。

2. 规格设计

男西裤成衣各部位系列规格表见表 2-1。

表 2-1 5·2 系列——西裤成衣主要部位系列规格表 　　　　（单位：cm）

部位	165/72	170/74	175/76	180/78	185/80	档差
裤长	100	103	106	109	112	3
腰围	74	76	78	80	82	2

部位	165/72	170/74	175/76	180/78	185/80	档差
直裆	28.8	29.4	30.6	31.2	31.8	0.6
臀围	102	104	106	108	110	2
脚口/2	23.5	24	24.5	25	25.5	0.5

表2-2　5·2系列——西裤成品次要部位系列规格表　　（单位：cm）

部位	165/72	170/74	175/76	180/78	185/80	档差
腰宽			4			/
脚口折边			4			/
门里襟			4/4			/
门襟缉线长/宽	21.5/3.5	22/3.5	22.5/3.5	23/3.5	23.5/3.5	0.5
插袋口宽/大	3/15	3/15.5	3/16	3/16.5	3/17	0.5
后袋宽/长	1/13.5	1/13.5	1/14	1/14.5	1/14.5	0.5
马王带/长宽			4.5/1			/
前裥收长			4			/

3. 基础结构图绘制

西裤中档规格结构图如图2-2所示。（注：中档规格是指175/92上装，175/76下装，H表示臀围，W表示腰围，后同，不一一注。）

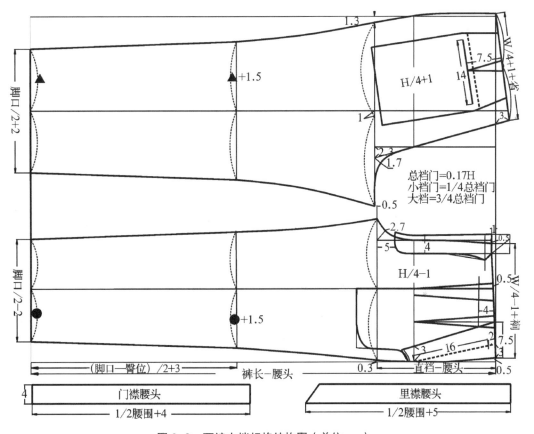

图2-2　西裤中档规格结构图（单位cm）

4. 纸样分解

① 面料衣片缝份。后裆中缝缝份 3 cm，下摆折边 4 cm，其余 1 cm。

② 辅助材料使用及部位。腰里使用腰里衬，腰头使用树脂衬，门里襟、里襟布、腰头、斜插袋袋口、后戗袋开袋位、牵条使用无纺衬；前裤身使用裤膝绸，膝绸由腰口线至膝围线下 10 cm 位置剪裁，门襟拉链 1 根，裤钩 1 副，纽扣 3 粒，袋布 4 片（2 个斜插袋、2 个后戗袋）。

③ 中档规格纸样绘制。西裤中档规格面料纸样如图 2-3 所示。

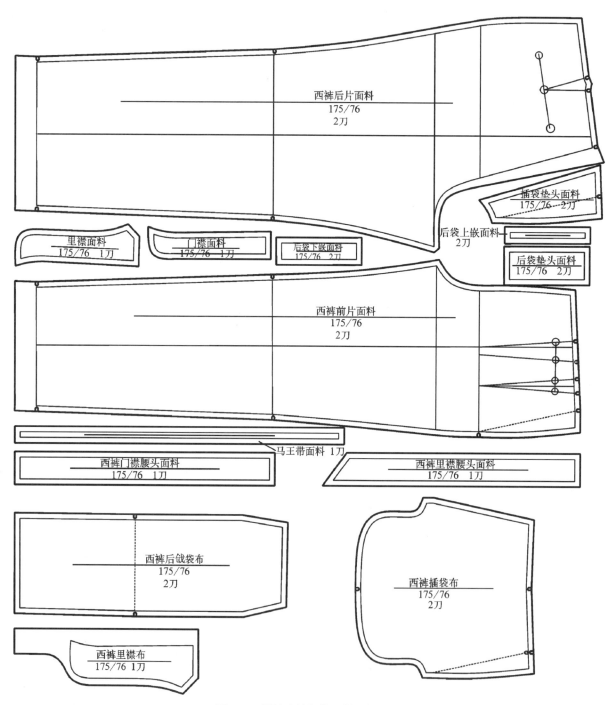

图 2-3　西裤中档规格面料纸样图

牛仔裤款式图如图2-4所示。

图2-4　牛仔裤正、背面款式图

1. 结构与工艺

① 结构特点。裤装类基本结构，前身两侧有两只半圆形插袋，右插袋内置一小卡袋，后身腰臀处有横向分割，转移部分腰臀省于其中。前门襟腰口处下落2 cm左右，体现牛仔裤短直裆的特点。

② 用料与工艺方法。使用斜纹牛仔布，包缝工艺，缉双止口线。牛仔裤成衣后需进行水洗或石磨处理，使成衣出现不同的面料肌理，寻求各类风格与效果。这类成衣后进行水洗处理的服装，需要认真把握好面料的缩水率，并将缩水率加入到服装成衣规格当中，以保证成衣水洗后实际规格同所设计的服装成衣规格相一致。因此，在结构制图时，应以水洗前规格（成衣规格＋面料缩水率）进行结构制图与纸样制作。

2. 规格设计

牛仔裤成衣各部位系列规见表2-3、表2-4。

表2-3　5·2系列——牛仔裤成衣主要部位系列规格表　　（单位：cm）

部位	165/72	170/74	175/76	180/78	185/80	档差
裤长	98	101	104	107	110	3
腰围	76	78	80	82	84	2
直裆	27.8	28.4	29	29.6	30.2	0.6
臀围	96	98	100	102	104	2
脚口 /2	22	22.5	23	23.5	24	0.5

表2-4 5·2系列——牛仔裤成衣次要部位系列规格表　（单位：cm）

部位	165/72	170/74	175/76	180/78	185/80	档差
腰宽			3.5			/
插袋宽/大	12.4/6	12.7/6	13/6	13.3/6	13.6/6	0.3
后袋口/底	14.4/11.4	14.7/11.7	15/12	15.3/12.3	15.6/12.6	0.3
后袋高	14.4	14.7	15	15.3	15.6	0.3
门襟缉线长/宽	17/4	17.5/4	18/4	18.5/4	19/4	0.5
脚口折边			2.5			/

3. 基础结构图绘制

牛仔裤中档规格结构图如图2-5所示。（注：以水洗前规格进行结构制图。）

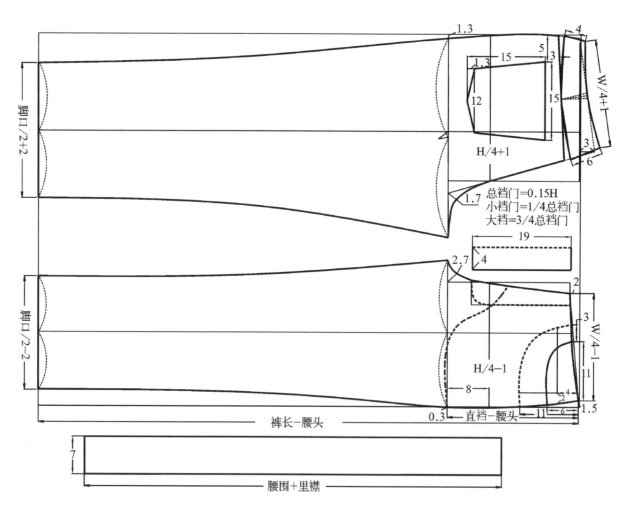

图2-5　牛仔裤中档规格结构图（单位cm）

4. 纸样分解

① 面料衣片缝份。裤片后拼接缝、上下裆缝为外包缝，缝份为 1.3 cm，脚口折边 2.5 cm，其余 1 cm。后贴袋袋口缝份 2.5 cm，其余 1.5 cm。

② 辅助材料使用部位。门里襟、腰头用无纺衬，袋布用全棉布，1 根拉链，1 粒工字型纽扣，铆钉 10 副。

③ 中档规格纸样绘制。牛仔裤中档规格面料纸样如图 2-6 所示。

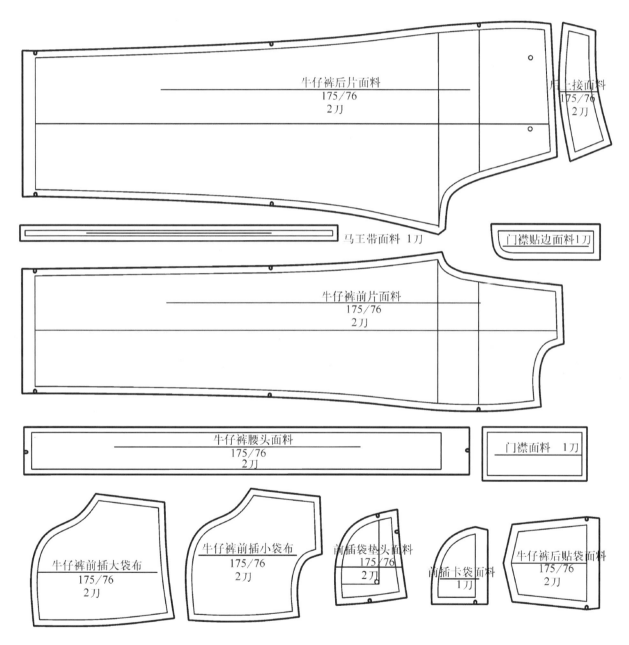

图 2-6　牛仔裤中档规格面料纸样图

工装裤款式图如图 2-7 所示。

图 2-7　工装裤正、侧面款式图

1. 结构与工艺

① 结构特点。工装裤有四部分结构构成，裤装结构、前胸袋结构、后背心结构、吊带结构。裤装结构中，两侧开衩，前门襟为装饰门襟，后身有两只贴袋。前胸袋结构由胸袋加贴袋构成，并同前裤身相连接；后背心与吊带结构分别有六片衣片所构成，通过拼合而构成整体并同后身相连接。

② 用料与工艺方法。通常选用较厚重材料，以全棉材质为最多，如纱卡、帆布、斜纹布、条绒布等。较多选用斜纹牛仔布，明线包缝工艺是其标志性的特征。工装裤成衣后需进行水洗或石磨处理，使成衣出现不同的面料肌理，形成各类风格与效果。这类成衣后进行水洗处理的服装，需要认真把握好面料的缩水率，并将缩水率加入到服装成衣规格当中，以保证成衣水洗后实际规格同所设计的服装成衣规格相一致。因此，在结构制图时，应以水洗前规格（成衣规格 + 面料缩水率）进行结构制图与纸样制作。

2. 规格设计

工装裤成衣各部位系列规格见表 2-5、表 2-6 所示。

表 2-5　5·2 系列——工装裤成衣主要部位系列规格表　（单位：cm）

部位	165/72	170/74	175/76	180/78	185/80	档差
裤长	101	104	107	110	113	3
腰围	96	98	100	102	104	2
直裆	29	30	31	32	33	1
臀围	108	110	112	114	116	2
脚口 /2	24.5	25	25.5	26	26.5	0.5

表 2-6　5·2 系列——工装裤成品次要部位系列规格表　（单位：cm）

部位	165/72	170/74	175/76	180/78	185/80	档差
腰宽	3.5					/
插袋大/长	5/186	5/18.5	5/19	5/19.5	5/20	0.5
后袋宽/长	14.4/17.4	14.7/17.7	15/18	15.3/18.3	15.6/18.6	0.3
脚口折边	2.5					/

3. 基础结构图绘制

工装中档规格结构图如图 2-8 所示。（注：以水洗前规格进行结构制图）

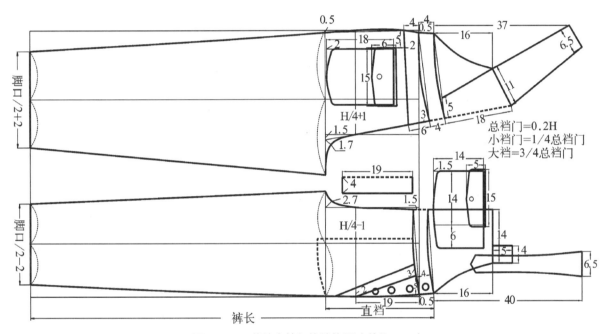

图 2-8　工装裤中档规格结构图（单位：cm）

4. 纸样分解

① 面料衣片缝份。衣片包缝缝份 1.3 cm，下摆折边 2.5 cm，其余 1 cm。

② 辅助材料使用部位。工字扣 15 粒，分别用于两侧开衩处各 3 粒，前胸袋 1 粒，前背带个 3 粒，后贴袋各 1 粒。无纺衬使用部位：两侧开衩处的门里襟、前胸袋盖、后贴袋袋盖。前胸与后背里、插袋布使用全棉布，长度过腰口线。

③ 中档规格纸样绘制。工装中档规格面料纸样如图 2-9 所示。

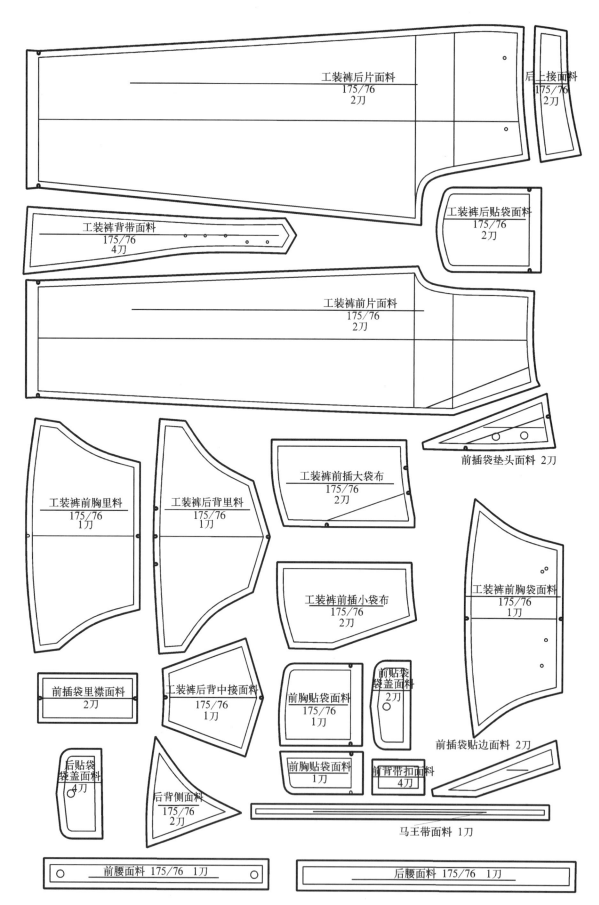

工装裤后片面料
175/76
2刀

后上接面料
175/76
2刀

工装裤背带面料
175/76
4刀

工装裤后贴袋面料
175/76
2刀

工装裤前片面料
175/76
2刀

前插袋垫头面料 2刀

工装裤前插大袋布
175/76
2刀

工装裤前胸里料
175/76
1刀

工装裤后背里料
175/76
1刀

工装裤前胸袋面料
175/76
1刀

工装裤前插小袋布
175/76
2刀

前插袋里襟面料
2刀

工装裤后背中接面料
175/76
1刀

前胸贴袋面料
175/76
1刀

前贴袋
袋盖面料
2刀

前插袋贴边面料 2刀

后贴袋
袋盖面料
4刀

后背侧面料
175/76
2刀

前胸贴袋面料
1刀

前背带扣面料
4刀

马王带面料 1刀

前腰面料 175/76 1刀

后腰面料 175/76 1刀

图 2-9 男工装裤中档规格面料纸样图

运动裤款式图如图 2-10 所示。

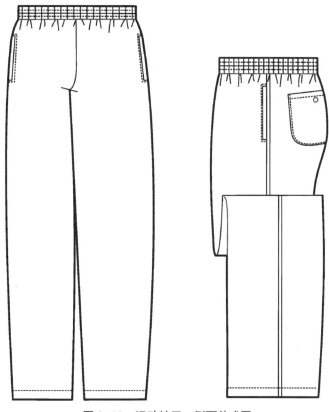

图 2-10 运动裤正、侧面款式图

1. 结构与工艺

① 结构特点。保持裤装类基本结构特点，局部有点变化。臀围加放量增大，横裆围相应变宽，腰头使用松紧，一般设计直插袋袋型，后身左裤片设计一个贴袋。

② 用料与工艺方法。材料选用广泛，梭织物和针织物均可，以各类棉织物居多，一般内衬网眼布。简做工艺，适合成衣化生产。成衣后要进行水洗处理，在结构制图时，应以水洗前规格（成衣规格 + 面料缩水率）进行结构制图与纸样制作。

2. 规格设计

运动裤成衣各部位系列规格见表 2-7。

表 2-7　5·2 系列——运动裤成衣主要部位系列规格表　　　　（单位：cm）

部位	165/72	170/74	175/76	180/78	185/80	档差
裤长	100	103	106	109	112	3
腰围	74	76	78	80	82	2
直裆	29.25	30	30.75	31.5	31.8	0.75
臀围	102	104	106	108	110	2
脚口 /2	23.5	24	24.5	25	25.5	0.5

表 2-8　5·2 系列——运动裤成衣次要部位系列规格表 （单位：cm）

部位	165/72	170/74	175/76	180/78	185/80	档差
腰宽			3.5			/
插袋大	16	16.5	17	17.5	18	0.5
后袋长 / 宽	15/13.4	15.5/13.7	16/14	16.5/14.3	17/14.6	0.5/0.3
脚口折边			3.5			/

3. 基础结构图绘制

运动裤中档规格结构图如图 2-11 所示。（注：以水洗前规格进行结构制图）

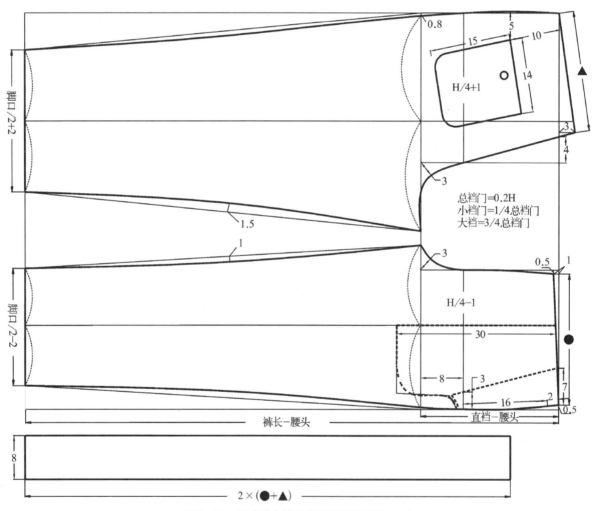

图 2-11　运动裤中档规格结构图（单位 cm）

4. 纸样分解

①面料衣片缝份。后裆中缝缝份 1.5 cm，下摆折边 3.5 cm，其余 1 cm。

②辅助材料使用部位。腰头使用 3.5 cm 松紧、棉绳，后贴袋 1 粒纽扣，全棉插袋布，网眼布里料。

③ 中档规格纸样绘制。运动裤中档规格面料纸样如图 2-12 所示。

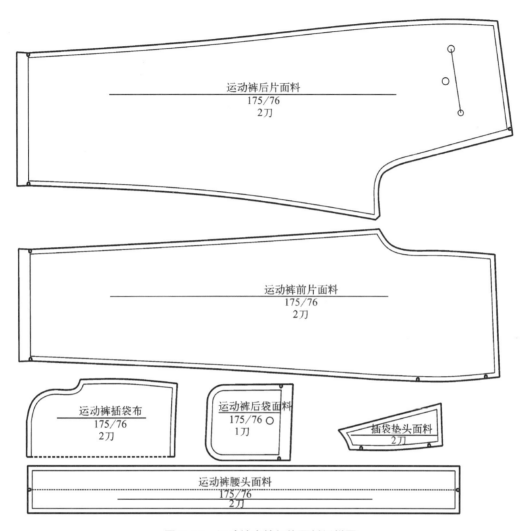

运动裤后片面料
175/76
2刀

运动裤前片面料
175/76
2刀

运动裤插袋布
175/76
2刀

运动裤后袋面料
175/76
1刀

插袋垫头面料
2刀

运动裤腰头面料
175/76
2刀

图 2-12　运动裤中档规格面料纸样图

五、休闲裤

休闲裤款式图如图 2-13 所示。

图 2-13 休闲裤正、背面款式图

1. 结构与工艺

① 结构特点。保持一般裤装的基本结构，主要在数据上有所不同。前身有类似牛仔裤装的半圆形插袋，后身左片有只单嵌线口袋。

② 用料与工艺方法。一般选用天然纤维织物，棉麻制品最容易体现该裤装风格特点。简做裤装工艺。休闲裤成衣需进行水洗处理，因此，在结构制图时，应以水洗前规格（成衣规格＋面料缩水率）进行结构制图与纸样制作。

2. 规格设计

休闲裤成衣各部位系列规格见表 2-9、表 2-10。

表 2-9　5·2 系列——休闲裤成品主要部位系列规格表　　　　　（单位：cm）

部位	165/72	170/74	175/76	180/78	185/80	档差
裤长	100	102	104	107	110	3
腰围	75	78	80	82	84	2
直裆	26.6	27.3	28	28.7	29.4	0.7
臀围	104	106	108	110	112	2
脚口 /2	24	24.5	25	25.5	26	0.5

表 2-10　5·2 系列——休闲成品次要部位系列规格表　　　　　　（单位：cm）

部位	165/72	170/74	175/76	180/78	185/80	档差
腰宽			3.5			/
插袋宽/长	3/14	3/14.5	3/15	3/15.5	3/16	0.5
后袋宽/长	1/13.4	1/13.7	1/14	1/14.3	1/14.6	0.3
门襟缉线长/宽	19.5/3	19/3.55	20/3.5	20.5/3.5	21/3.5	0.5
脚口折边			3.5			/

3. 基础结构图绘制

休闲裤中档规格结构图如图 2-14 所示。（注：以水洗前规格进行结构制图。）

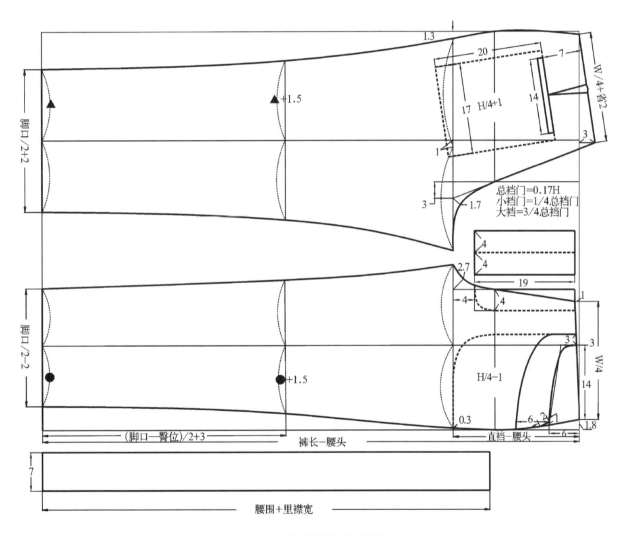

图 2-14　休闲裤中档结构图（单位 cm）

4. 纸样分解

① 面料衣片缝份。后裆缝份 1.5 cm，脚口折边 3.5 cm，其余 1 cm。

② 辅助材料使用部位。腰头、门里襟、插袋口、后挖袋及嵌线使用无纺衬，腰里下口及上裆缝份使用布条滚边，袋布用全棉布，1 根拉链，2 粒纽扣。

③ 中档规格纸样绘制。休闲裤中档规格面料纸样如图 2-15 所示。

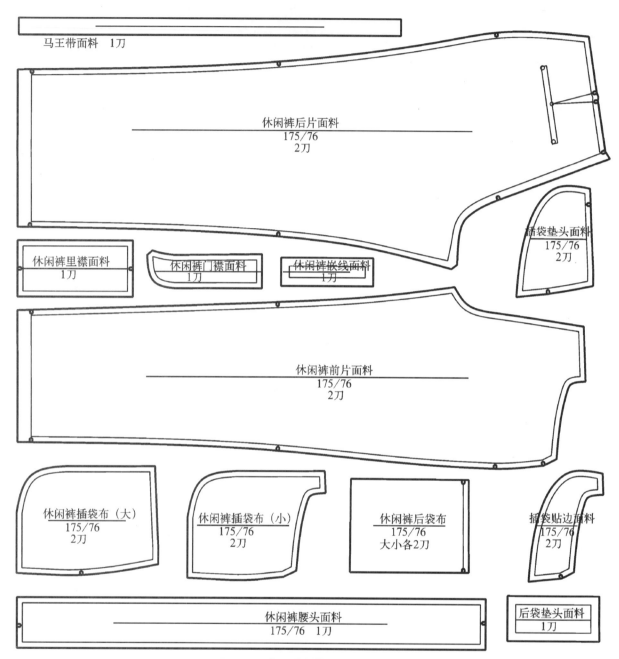

马王带面料　1刀

休闲裤后片面料
175/76
2刀

插袋垫头面料
175/76
2刀

休闲裤里襟面料
1刀

休闲裤门襟面料
1刀

休闲裤嵌线面料
1刀

休闲裤前片面料
175/76
2刀

休闲裤插袋布（大）
175/76
2刀

休闲裤插袋布（小）
175/76
2刀

休闲裤后袋布
175/76
大小各2刀

插袋贴边面料
175/76
2刀

休闲裤腰头面料
175/76　1刀

后袋垫头面料
1刀

图 2-15　休闲裤中档规格面料纸样图

第二节　短　　裤

一、西装短裤

西装短裤款式图如图2-16所示。

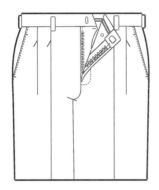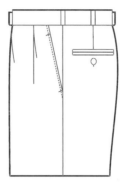

图2-16　西装短裤正、背面款式图

1. 结构与工艺

① 结构特点。类似于西裤结构，与长裤的最大区向别在于短裤类结构在后裆线结构上，同前裆线相比下落3 cm左右，以达到平衡内裆线，使其不向上吊起。同理为保证前后裤片的下裆线等长，后脚口在内裆处下落等量值。为保持前后裤片平衡，脚口在前后量的分配上，前脚口为脚口/2-3 cm，后脚口为脚口/2+3 cm。该裤型结构已成为众多短裤类结构的基本样式。

② 用料与工艺方法。同男西裤相当，选材上相应会更广泛些。一般同上装用料一致（套装），选择精纺毛织物较多，采用精做裤装工艺，腰头用树脂衬与专用腰里布，前后裆缝滚边，门襟用拉链与专用裤钩，里襟用纽扣闭合。上下裆缝及侧缝均分缝，脚口为缲边工艺。

2. 规格设计

西短裤成衣各部位系列规格见表2-11、表2-12。

表2-11　5·2系列——西短裤成衣主要部位系列规格表　　　　（单位：cm）

部位	165/72	170/74	175/76	180/78	185/80	档差
裤长	44	45.5	47	48.5	50	1.5
腰围	74	76	78	80	82	2
直裆	28.8	29.4	30	30.6	31.2	0.6
臀围	100	102	104	106	108	2
脚口/2	27.6	28.3	29	29.7	30.4	0.7

表2-12　5·2系列——西短裤成衣次要部位系列规格表　　　　（单位：cm）

部位	165/72	170/74	175/76	180/78	185/80	档差
腰宽			4			/

部位	165/72	170/74	175/76	180/78	185/80	档差
插袋宽/大	3/15	3/15.5	3/16	3/16.5	3/17	0.5
后袋宽/大	1/13.4	1/13.7	1/14	1/14.3	1/14.6	0.3
门襟缉线长/宽	21.5/3.5	22/3.5	22.5/3.5	23/3.5	23.5/3.5	0.5
马王带长	4.5/1					/
前裆深	4					/
脚口折边	4					/

3. 基础结构图绘制

西装短裤中档规格结构图如图 2-17 所示。

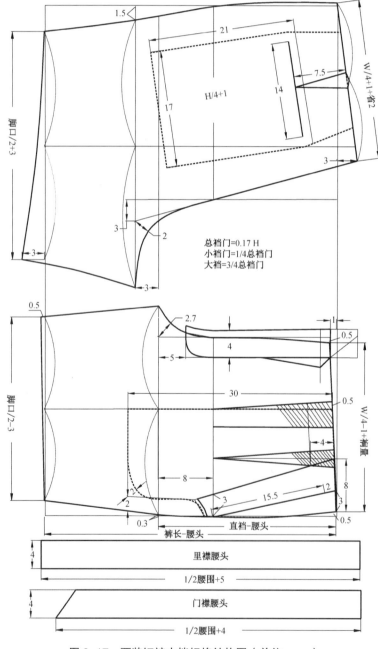

图 2-17 西装短裤中档规格结构图（单位：cm）

4. 纸样分解

① 面料衣片缝份。后裆中缝缝份 3 cm，下摆折边 4 cm，其余 1 cm。

② 辅助材料使用部位。腰里使用腰里衬，腰头使用树脂衬；门里襟、里襟布、腰头、斜插袋袋口、后戗袋开袋位、嵌线使用无纺衬；门襟拉链 1 根，裤钩 1 副，纽扣 3 粒，袋布 4 片（2 个斜插袋、2 个后戗袋）。

③ 中档规格纸样绘制。西装短裤中档规格面料纸样如图 2-18 所示。

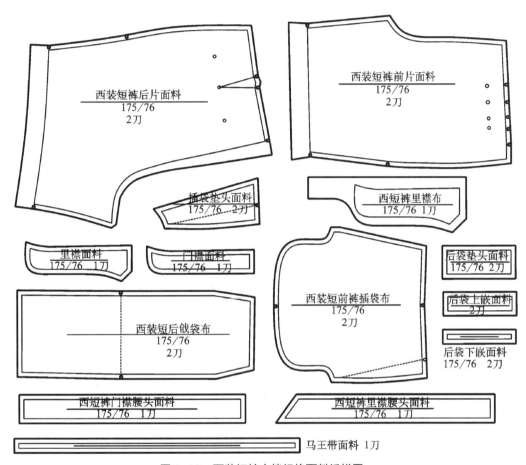

图 2-18　西装短裤中档规格面料纸样图

休闲短裤款式图如图 2-19 所示。

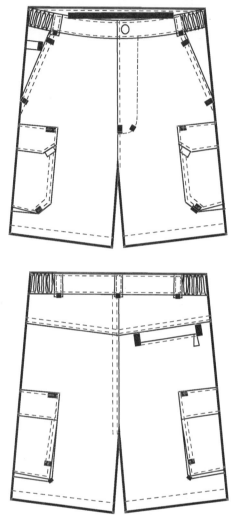

图 2-19　休闲短裤正、背面款式图

1. 结构与工艺

① 结构特点。典型的短裤结构。根据所提供的部位名称与规格，具有浓烈的外贸短裤结构风格。前后裆长度、腿围、坐围等规格，相互关联，互为制约，因此准确把握前直裆的长度是本款服装结构设计的关键。

② 用料与工艺方法。通常选用全棉织物，有平纹帆布、斜纹卡其等。全棉织物制作的服装，成衣后一般需进行水洗处理，因此要认真把握好面料的缩水率，并将缩水率加入到服装成衣规格当中，以保证成衣水洗后实际规格同所设计的服装成衣规格相一致。因此，在结构制图时，应以水洗前规格（成衣规格＋面料缩水率）进行结构制图与纸样制作。

2. 规格设计

休闲短裤成衣各部位规格见表2-13、表2-14。

表2-13 5·2系列——休闲短裤成衣主要部位系列规格表 （单位：cm）

部位	165/72	170/74	175/76	180/78	185/80	裆差
外长含腰	47	48.5	50	51.5	53	1.5
1/2 腰围（松量）	36	38	40	42	44	2
1/2 腰围（拉量）	41	43	45	47	49	2
1/2 坐围	52	54	56	58	60	2
前裆含腰	25	26.6	27.3	28	28.7	0.7
后裆含腰	38.1	39.4	40.7	42	43.3	1.3
1/2 腿围	31	32	33.0	34	35	1
1/2 脚口	27.5	28	28.5	29	29.5	0.5

表2-14 5·2系列——休闲短裤成品次要部位系列规格表 （单位：cm）

部位	165/72	170/74	175/76	180/78	185/80	档差
腰宽			3.5			/
插袋宽/大	5/15	5/15.5	5/16	5/16.5	5/17	0.5
后袋宽/大	1/12.5	1/13	1/13.5	1/14	1/14.5	0.5
门襟缉线长/宽	16.2/3.5	16.6/3.5	17/3.5	17.4/3.5	17.8/3.5	0.5
马王带长			4.5/2			/
松紧长/宽	12.5/3.5	13.5/3.5	14.5/3.5	15.5/3.5	16.5/3.5	1
脚口折边			3.5			/

3. 基础结构图绘制

休闲短裤中裆规格结构图如图2-20所示。（注：以水洗前规格进行结构制图。）

4. 纸样分解

① 面料衣片缝份。后裆中缝缝份1.5cm，下摆折边3.5cm，其余1cm。

② 辅助材料使用部位。腰头两侧用3.5cm松紧，门里襟、后挖袋及嵌线用无纺衬，2根拉链，1粒纽扣，贴袋盖用魔术贴，袋布用全棉布。

③ 中档规格纸样绘制。休闲短裤中档规格面料纸样如图2-21所示。

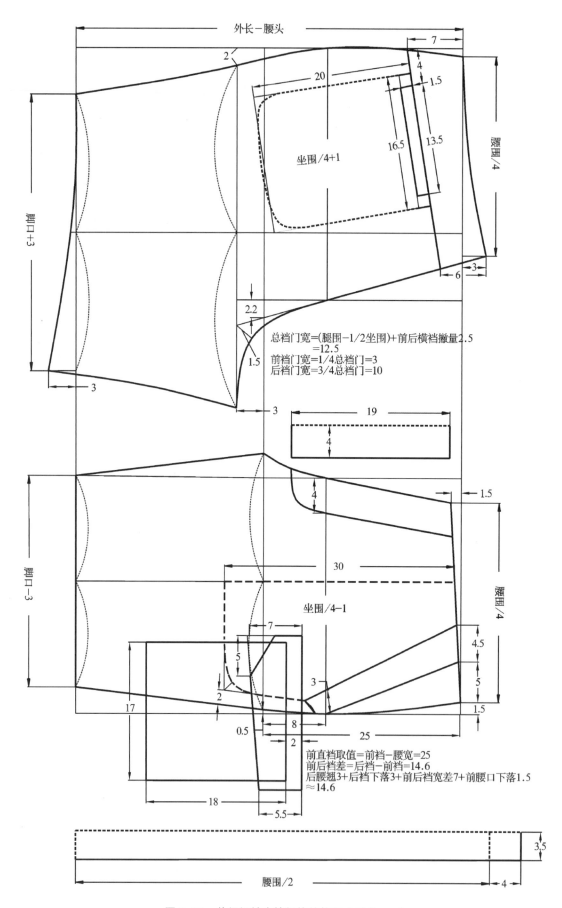

外长-腰头

7

2

4

1.5

20

坐围/4+1

16.5

13.5

腰围/4

脚口+3

3

6 3

2.2
1

1.5

总裆门宽=(腿围-1/2坐围)+前后横裆撇量2.5
=12.5
前裆门宽=1/4总裆门=3
后裆门宽=3/4总裆门=10

3

19

4

1.5

4

30

坐围/4-1

腰围/4

7

5

4.5

2

3

5

1.5

17

0.5

8

2

25

18

5.5

前直裆取值=前裆-腰宽=25
前后裆差=后裆-前裆=14.6
后腰翘3+后裆下落3+前后裆宽差7+前腰口下落1.5
≈14.6

腰围/2

3.5

4

图2-20　休闲短裤中档规格结构图（单位cm）

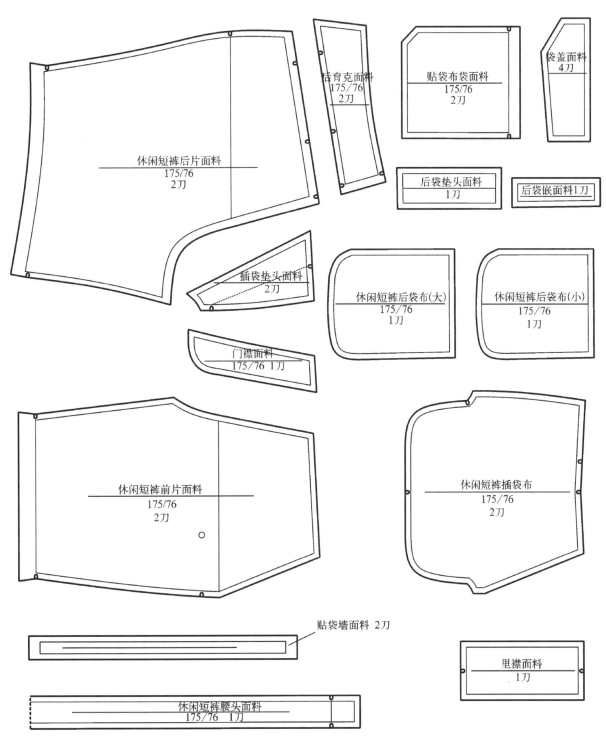

活育克面料
175/76
2刀

贴袋布袋面料
175/76
2刀

袋盖面料
4刀

休闲短裤后片面料
175/76
2刀

后袋垫头面料
1刀

后袋嵌面料1刀

插袋垫头面料
2刀

休闲短裤后袋布(大)
175/76
1刀

休闲短裤后袋布(小)
175/76
1刀

门襟面料
175/76 1刀

休闲短裤前片面料
175/76
2刀

休闲短裤插袋布
175/76
2刀

贴袋墙面料 2刀

里襟面料
1刀

休闲短裤腰头面料
175/76 1刀

图 2-21 休闲短裤中档规格面料纸样图

三、家居短裤

家居短裤款式图如图2-22、图2-23所示。

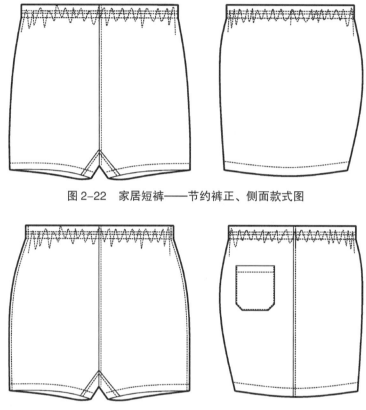

图2-22　家居短裤——节约裤正、侧面款式图

图2-23　家居短裤——平脚裤正、侧面款式图

1. 结构与工艺

① 结构特点。属于较为特殊的短裤结构。经济实用、用料省决定了这类短裤结构的特殊性。裤身衣片呈方形状，将前后裆拼合构成整体，裤身＋裆布是其结构的特点之一，能够保证合理的用料。

② 用料与工艺方法。基本选用较为柔软的全棉织物，针织汗布、平纹细布、绒布等，腰头用松紧，拷边简做工艺。

2. 规格设计

① 家居短裤——节约裤成衣各部位规格见表2-15。

表2-15　5·2系列——节约短裤成衣各部位系列规格表　（单位：cm）

部位	165/72	170/74	175/76	180/78	185/80	裆差
裤长	37.6	38.8	40	41.2	42.4	1.2
直裆	29	30	31	32	33	1
腰围	106	108	110	112	114	2
臀围	106	108	110	112	114	2
脚口/2	29	29.5	30	30.5	31	0.5
腰头宽			3			/
脚口折边			2.5			/

② 家居短裤——平角裤成衣各部位系列规格见表 2–16。

表 2–16　5·2 系列——平脚裤成衣各部位系列规格表　（单位：cm）

部位	165/72	170/74	175/76	180/78	185/80	档差
裤长	35	36	37	38	39	1
直裆	29	30	31	32	33	1
腰围	100	102	104	106	108	2
臀围	100	102	104	106	108	2
脚口	53	54	55	56	57	1
后贴袋长/宽	9.5/9	10/9.5	10.5/10	11/10.5	11.5/11	0.5
腰头宽	3					/
脚口折边	2.5					/

3. 基础结构图绘制

① 家居短裤——节约裤中档规格结构图如图 2–24 所示。

总裆门宽=0.2H，前裆宽=后裆宽=0.1H
前小裆宽 = 后小裆 = 1/5总裆门
裆布宽=3/5总裆门

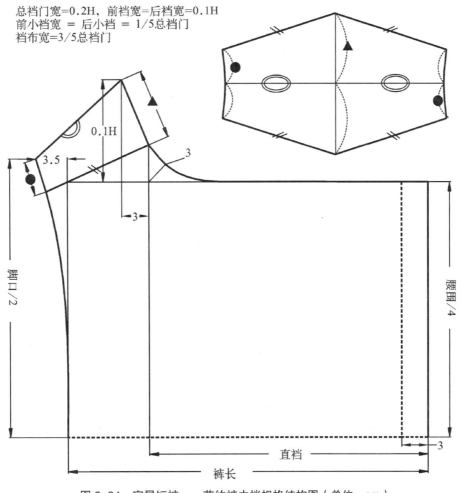

图 2–24　家居短裤——节约裤中档规格结构图（单位：cm）

② 家居短裤——平脚裤中档规格结构图如图 2-25 所示。

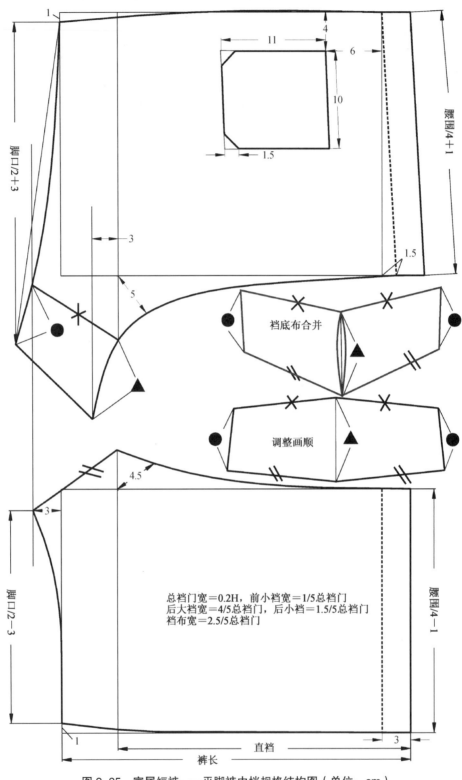

图 2-25　家居短裤——平脚裤中档规格结构图（单位：cm）

总档门宽＝0.2H，前小档宽＝1/5总档门
后大档宽＝4/5总档门，后小档＝1.5/5总档门
档布宽＝2.5/5总档门

4. 纸样分解

① 面料衣片缝份。衣片缝份 1 cm，腰头自带折边 4 cm，脚口折边 2.5 cm，其余 1 cm。

② 辅助材料使用部位。腰头使用 3 cm 宽松紧。

③ 中档规格纸样绘制。家居短裤——节约裤中档规格面料纸样如图 2-26 所示。

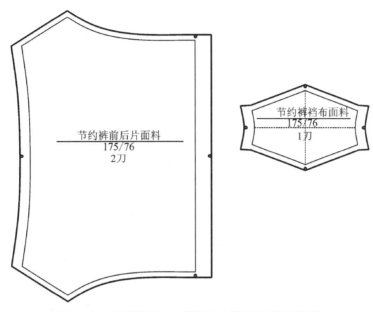

图 2-26　家居短裤——节约裤中档规格面料纸样图

④ 家居短裤——平脚裤中档规格面料纸样如图 2-27 所示。

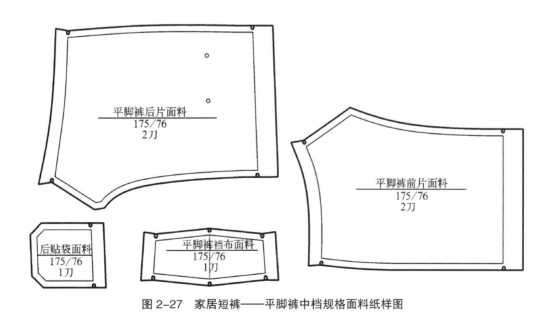

图 2-27　家居短裤——平脚裤中档规格面料纸样图

第三章 | 男衬衫、夹克结构设计与纸样工艺

第一节 衬 衫

一、礼服型衬衫

礼服型衬衫款式图如图3-1。

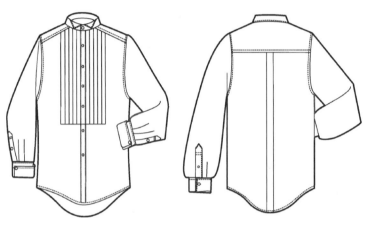

图3-1 礼服型衬衫正、背面款式图

1. 结构与工艺

① 结构特点。四分结构，前后身、覆肩、一片直身袖，翼领和翻边袖克夫。前身的"坚胸"结构是礼服型衬衫的基本特点（有打褶和波浪两种样式），具有典型的欧洲传统宫廷风格。后大身于后中线处设计有增加胸腹空间的后背褶。

② 材料与工艺方法。一般选用白色高档面料，天然纤维织物居多，如丝绸、薄型麻织物、高支细棉布等。工艺制作较为精细，为硬领型衬衫工艺，硬领工艺主要在翼领、门襟、袖克夫加硬挺的树脂衬，翻领领角增加领角衬和塑料插片，使领型硬挺成型。工艺重点在"坚胸"、衣领、袖克夫的制作工艺上。

2. 规格设计

礼服型衬衫成衣各部位系列规格见表3-1、表3-2。

表3-1 5·4系列——礼服型衬衫成衣主要部位系列规格表 （单位：cm）

部位	165/84	170/88	175/92	180/96	185/100	档差
衣长（后）	78	80	82	84	86	2
胸围（不包括背褶）	108	112	116	120	124	4
腰围	104	108	112	116	120	4
下摆围	108	112	116	120	124	4
肩宽	45.6	46.8	48	49.2	50.4	1.2
袖长	61	62.5	64	65.5	67	1.5
领围	39	40	41	42	43	1
袖口围	24.4	25	26	26.8	27.6	0.8

表 3-2 5·4 系列——男礼服型衬衫成衣次要部位系列规格表 （单位：cm）

部位	165/84	170/88	175/92	180/96	185/100	档差
后领宽			5			/
领口大			4			/
袖克夫 /2			6.5			/
前后差			4			/
搭门宽			2			/
袖衩深	10	10.5	11	11.5	12	0.5
袖衩长 / 宽	13.5/2.5	14/2.5	14.5/2.5	15/2.5	15.5/2.5	0.5
底边缉线宽	1.5	1.5	1.5	1.5		/

3. 基础结构图绘制

礼服型衬衫中档规格结构图如图 3-2 所示。（注：上装 B 表示胸围，N 表示领围，H 表示身高，后同，不一一标注。）

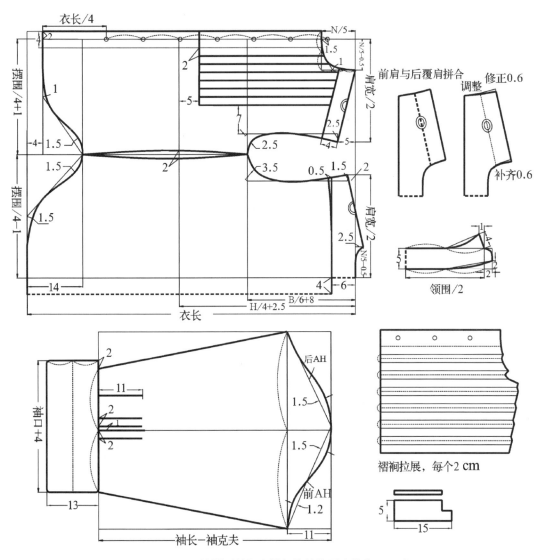

图 3-2 礼服型衬衫中档规格结构图（单位：cm）

4. 纸样分解

① 面料衣片缝份。领口缝份 0.8 cm，下摆折边 2.5 cm，其余 1 cm。衬衫领口一般裁剪为坯样，成衣过程中用修正样板进行修正。

② 辅助材料使用及部位。树脂衬用于翼领、门襟条、袖克夫，无纺衬用于翼领、门襟条、袖克夫，纽扣 11 粒分别用于门襟、袖克夫、袖衩。领角衬和塑料插片用于翼领领角。

③ 中档规格纸样绘制。礼服型衬衫中档规格面料纸样如图 3-3 所示。

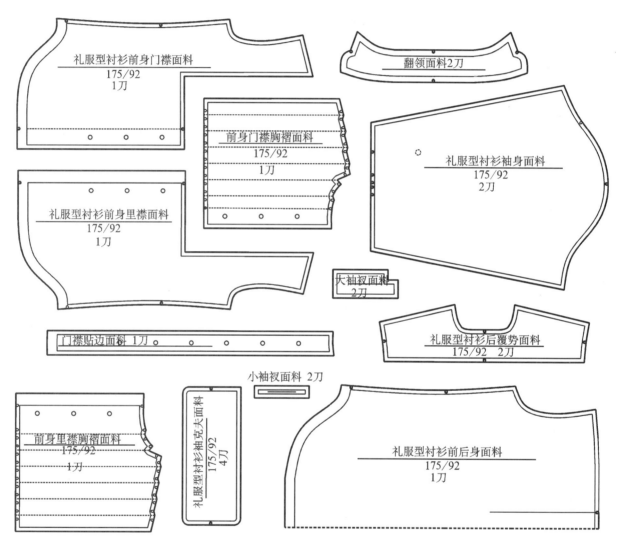

图 3-3　礼服型衬衫中档规格面料纸样图

普通型长袖衬衫款式图如图 3-4 所示；普通型短袖衬衫款式图如图 3-5 所示。

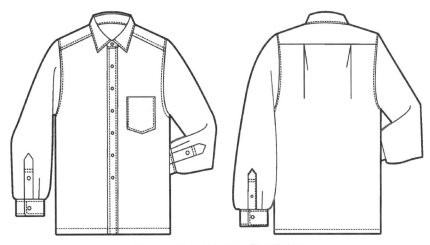

图 3-4　长袖衬衫正、背面款式图

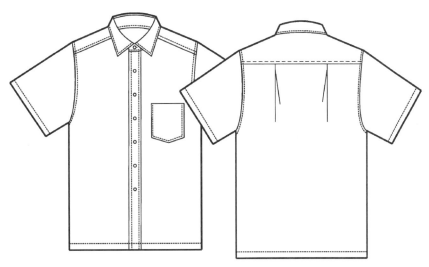

图 3-5　短袖衬衫正、背面款式图

1. 结构与工艺

① 结构特点。长袖衬衫基本构成为硬型立翻领，平摆，肩覆势与前后身构成衣身；一片直身袖加装袖克夫构成袖身，左胸有一只方形胸贴袋，袖克夫和装大小袖衩的衬衫是最有代表性的男装衬衫经典样式；四分胸围与一片直身袖结构，对其他类型衬衫结构设计有绝对的影响作用。短袖衬衫衣身基本为长袖衬衫结构，短袖袖口折边同下摆折边一致。

② 材料与工艺方法。男性衬衫面料选用广泛，色彩相对自由，工艺分硬领和软领，硬领工艺主要在翻领、门襟、袖克夫加硬挺的树脂衬，翻领领角增加领角衬和塑料插片，使领型硬挺成型，后续整烫与包装也较为复杂。软领则相对简单，按正常缝制工艺进行。

2. 规格设计

① 长袖衬衫成衣各部位系列规格见表3-3、表3-4。

表3-3 5·4系列——长袖衬衫成衣主要部位系列规格表 （单位：cm）

部位	165/84	170/88	175/92	180/96	185/100	档差
衣长（前）	72	74	76	78	80	2
胸围	110	114	118	122	126	4
下摆围	110	114	118	122	126	4
肩宽	45.8	47	48.2	49.4	50.6	1.2
袖长	57	58.5	60	61.5	63	1.5
领围	39	40	41	42	43	1
袖口围	22.4	23.2	24	24.8	25.6	0.8

表3-4 5·4系列——长袖衬衫成衣次要部位系列规格表 （单位：cm）

部位	165/84	170/88	175/92	180/96	185/100	档差
领宽翻/底			4.5/3.5			/
领口/间距			8/9			/
袖克夫			6			/
底边辑线			1.5			/
胸袋长/宽	14.2/11.2	14.6/11.6	15/12	15.4/12.4	15.8/12.8	0.4
衩长/宽	13.5/2.5	14/2.5	14.5/2.5	15/2.5	15.5/2.5	0.5

② 短袖衬衫成衣各部位系列规格见表3-5、表3-6。

表3-5 5·4系列——男短袖衬衫成衣主要部位系列规格表 （单位：cm）

部位	165/84	170/88	175/92	180/96	185/100	档差
衣长（前）	72	74	76	78	80	2
胸围	110	114	118	122	126	4
下摆围	110	114	118	122	126	4
肩宽	45.8	47	48.2	49.4	50.6	1.2
袖长	24	24.5	25	25.5	26	0.5
领围	39	40	41	42	43	1
袖口围	37.2	38.6	40	41.4	42.8	1.4

表3-6 5·4系列——男短袖衬衫成衣次要部位系列规格表 （单位：cm）

部位	165/84	170/88	175/92	180/96	185/100	档差
领宽翻/底			4.5/3			/
领口/间距			8/9			/
底边缉线			1.5			
胸袋长/宽	14.2/11.2	14.6/11.6	15/12	15.4/12.4	15.8/12.8	0.4

3. 基础结构图绘制

① 长袖衬衫中档规格结构图如图 3-6 所示。

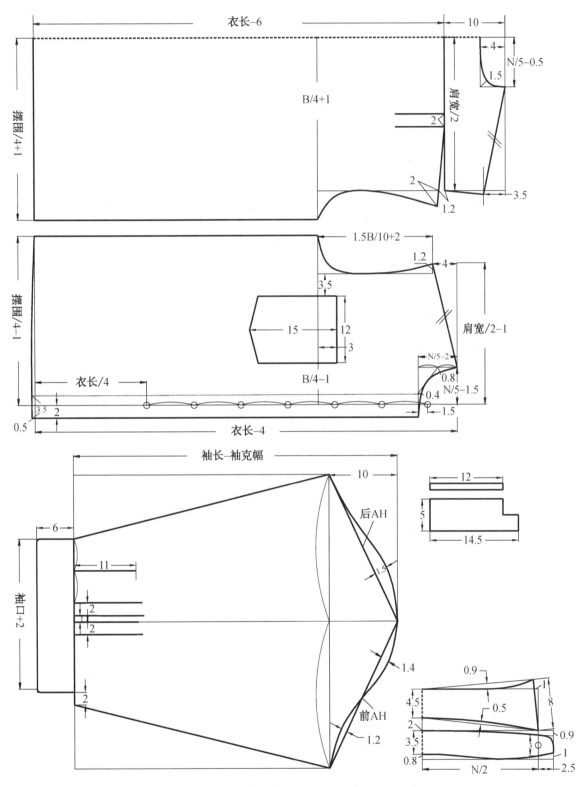

图 3-6　长袖衬衫中档规格结构图（单位：cm）

② 短袖衬衫中档规格结构图如图 3-7 所示。

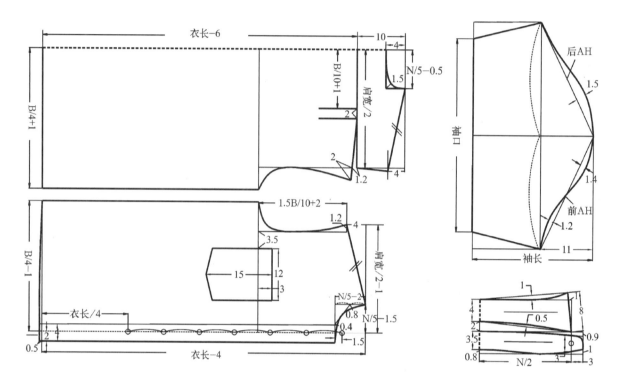

图 3-7　短袖衬衫中档规格结构图（单位：cm）

4. 纸样分解

① 面料衣片缝份。前身门里襟缝份应根据成衣要求进行设计，领口缝份 0.8 cm，用样板修正，胸袋袋口折边 3 cm，下摆折边 2.5 cm，其余 1 cm。

② 辅助材料使用及部位。树脂衬用于底领和翻领、门襟条、袖克夫，无纺衬于底领和翻领、门襟条、袖克夫，纽扣（长袖为 11 粒分别用于门襟、袖克夫、袖衩，短袖为 7 粒用于门襟），领角衬和塑料插片用于翻领领角。

③ 中档规格纸样绘制。长袖衬衫中档规格面料纸样如图 3-8 所示；短袖衬衫中档规格面料纸样如图 3-9 所示。

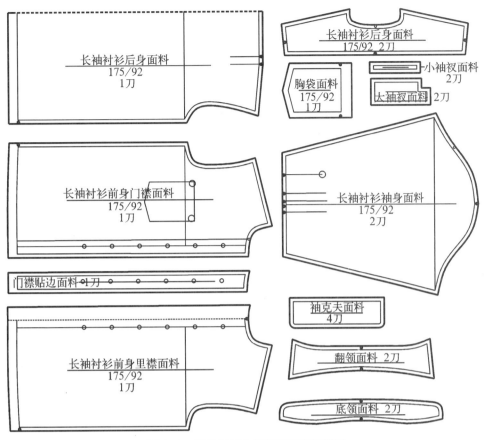

图 3-8　长袖衬衫中档规格面料纸样图

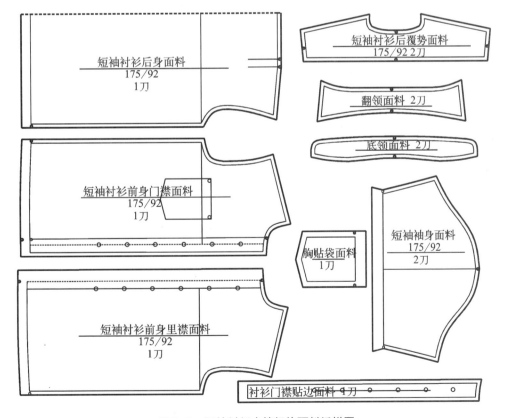

图 3-9　短袖衬衫中档规格面料纸样图

三、休闲型衬衫

（一）长袖休闲衬衫

长袖休闲衬衫款式图如图3-10所示。

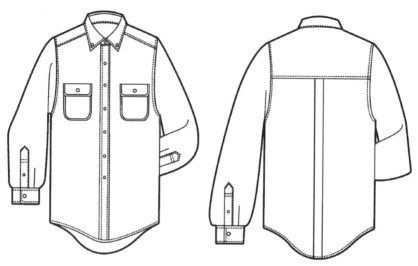

图3-10　长袖休闲衬衫正、背面款式图

1. 结构与工艺

① 结构特点。休闲衬衫的结构来源于日常衬衫结构，四分胸围，由前后身、覆肩、一片直身袖、袖克夫、衬衫领等部分构成。不同之处是延伸了日常衬衫结构的部分设计，如将覆肩高度拉长，增加胸贴袋设计，改变衬衫领风格，运用前后身及袖身分割设计等，使得长袖休闲衬衫结构设计更灵活，更具特色，更为自由开放。

② 材料与工艺方法。男士长袖休闲衬衫面料选用虽然较为广泛，但更多的选用天然纤维织物，以全棉织物或混纺居多，色彩相对自由不受限制。工艺为软领衬衫工艺，缉明线是其工艺特色。这类成衣后进行水洗处理的服装，需要认真把握好面料的缩水率，并将缩水率加入到服装成衣规格当中，以保证成衣水洗后实际规格同所设计的服装成衣规格相一致。因此，在结构制图时，应以水洗前规格（成衣规格＋面料缩水率）进行结构制图与纸样制作。

2. 规格设计

长袖休闲衬衫成衣各部位系列规格见表3-7、表3-8。

表3-7　5·4系列——长袖休闲衬衫成衣主要部位系列规格表　　　（单位：cm）

部位	165/84	170/88	175/92	180/96	185/100	档差
衣长（后）	78	80	82	84	86	2
胸围	112	116	120	124	128	4
下摆围	112	116	120	124	128	4
肩宽	47.6	48.8	50	51.2	52.4	1.2
袖长	59	60.5	62	63.5	65	1.5
领围	40	41	42	43	44	1
袖口围	23.4	24.2	25	25.8	26.6	0.8

表 3-8 5·4系列——长袖休闲袖衬衫成衣次要部位系列规格表 （单位：cm）

部位	165/84	170/88	175/92	180/96	185/100	档差
领宽翻/底			4.5/3.5			/
领口/间距			8/9			/
袖克夫			6			/
底边差			4			/
底边缉线			1.5			/
胸袋长/宽	14.2/11.2	14.6/11.6	15/12	15.4/12.4	15.8/12.8	0.4
袋盖长/宽	11.2/6.5	11.6/6.5	12/6.5	12.4/6.5	12.8/6.5	0.4
衩长/宽	13.5/2.5	14/2.5	14.5/2.5	15/2.5	15.5/2.5	0.5

3. 基础结构图绘制

长袖休闲衬衫中档规格结构图如图 3-11 所示。（注：以水洗前规格进行结构制图。）

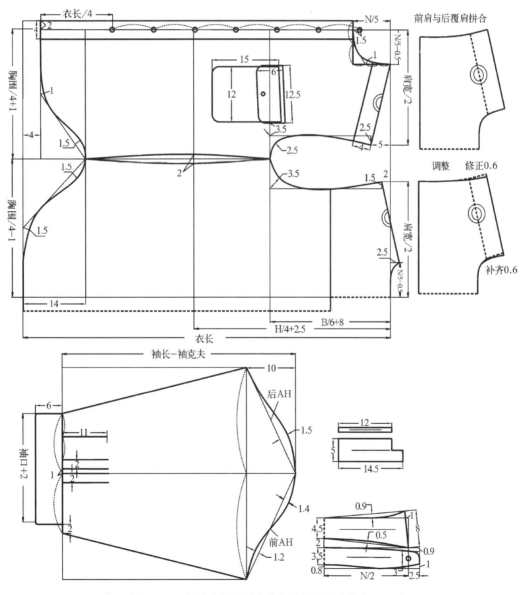

图 3-11 长袖休闲衬衫中档规格结构图（单位：cm）

4. 纸样分解

① 面料衣片缝份。前身门里襟缝份应根据成衣要求进行设计，领口缝份 0.8 cm，用样板修正，胸袋袋口折边 2.5 cm，下摆折边 2.5 cm，其余 1 cm。

② 辅助材料使用及部位。无纺衬于底领和翻领、门襟条、袖克夫，纽扣 13 粒分别用于门襟、袖克夫、袖衩和胸贴袋。

③ 中档规格纸样绘制。长袖休闲衬衫中档规格面料纸样如图 3-12 所示。

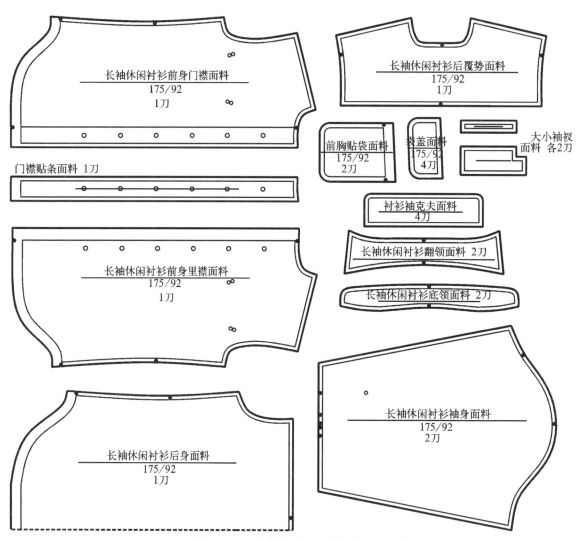

图 3-12　长袖休闲衬衫中档规格面料纸样图

（二）短袖两用衬衫

短袖两用衫款式图如图 3-13 所示。

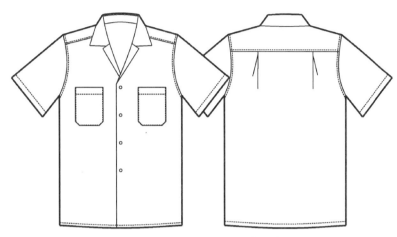

图 3-13　短袖两用衬衫正、背面款式图

1. 结构与工艺

① 结构特点。短袖两用衬衫衣身基本为男衬衫结构，主要有前后身、覆肩、袖子与领子构成。领子造型与结构同长袖衬衫有所不同，为典型的一片式翻领，敞门领结构。前胸左右各有 1 只装有袋盖的贴袋，4 粒纽扣。

② 用料与工艺方法。混纺与合成纤维材料，素色为主，软领衬衫工艺方法。

2. 规格设计

男短袖两用衬衫成衣各部位系列规格见表 3-9、表 3-10。

表 3-9　5·4 系列——短袖两用衬衫成衣主要部位系列规格表 （单位：cm）

部位	165/84	170/88	175/92	180/96	185/100	档差
衣长（前）	72	74	76	78	80	2
胸围	110	114	118	122	126	4
下摆围	110	114	118	122	126	4
肩宽	45.8	47	48.2	49.4	50.6	1.2
袖长	24	24.5	25	25.5	26.0	0.5
领围	41	42	43	44	45	1
袖口围	38.4	39.2	40	40.8	41.6	0.8

表 3-10　5·4 系列——短袖两用衬衫成衣次要部位系列规格表 （单位：cm）

部位	165/84	170/88	175/92	180/96	185/100	档差
领宽翻/底			4.5/3			/
领口大			7.5			/
胸袋长/宽			14/11			0.4
底边缉线宽			1.5			/

3. 基础结构图绘制

短袖两用衬衫中档规格结构图如图 3–14 所示。

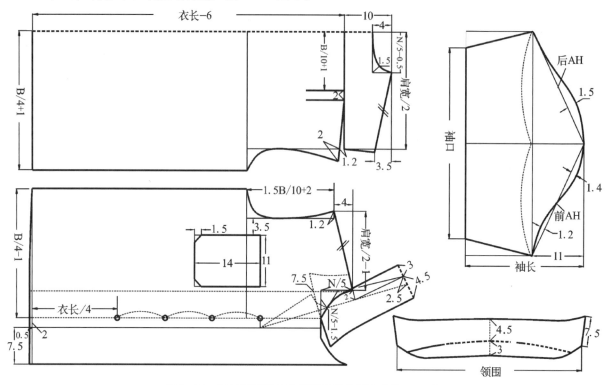

图 3–14 短袖两用衬衫中档规格结构图（单位：cm）

4. 纸样分解

① 面料衣片缝份。领口缝份 0.8 cm，用样板修正，胸袋袋口折边 3 cm，袖口与下摆折边 2.5 cm，其余 1 cm。

② 辅助材料使用及部位。无纺衬用于翻领面、衣门襟，纽扣 4 粒用于门襟。

③ 中档规格纸样绘制。短袖两用衬衫中档规格面料纸样如图 3–15 所示。

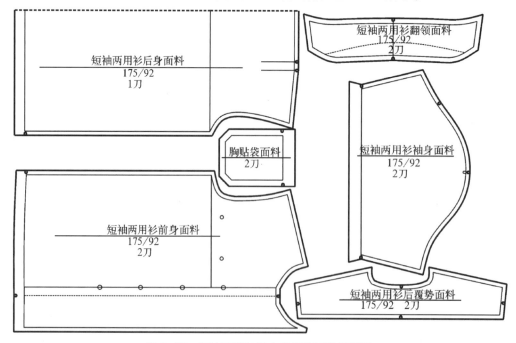

图 3–15 短袖两用衬衫中档规格面料纸样图

第二节 夹 克

一、运动夹克

运动夹克款式图如图 3-16 所示。

图 3-16 运动夹克正、背面款式图

1. 结构与工艺

① 结构特点。有四开身、插肩袖、连帽结构，其中插肩袖与连帽结构最具特色。插肩袖设计必须掌握服装造型风格同袖中线角度及袖肥线位置的配置关系，连帽设计同样也应把握帽高与帽座的结构关系，因此该款服装结构对男士户外服装从造型与结构设计方面具有影响作用。

② 用料与工艺方法。通常使用全棉针织起绒织物。运用针织服装工艺方法，五线包缝工艺。这类成衣后进行水洗处理的服装，需要认真把握好面料的缩水率，并将缩水率加入到服装成衣规格当中，以保证成衣水洗后实际规格同所设计的服装成衣规格相一致。因此，在结构制图时，应以水洗前规格（成衣规格 + 面料缩水率）进行结构制图与纸样制作。

2. 规格设计

运动夹克成衣各部位系列规格见表 3-11、表 3-12。

表 3-11　5·4 系列——运动夹克成衣主要部位系列规格表　　（单位：cm）

部位	165/84	170/88	175/92	180/96	185/100	档差
衣长（后）	59	60.5	62	63.5	65	1.5
胸围	118	122	126	130	134	4
下摆围	110	114	118	122	126	4
袖长（后中）	91	93	95	97	99	2
领围	50	51	52	53	54	1
袖口围	30	31	32	33	34	1
帽高 / 宽	28/27	29/27.5	30/28	31/28.5	32/29	1/0.5

表 3-12　5·4 系列——运动夹克成衣次要部位系列规格表　　（单位：cm）

	165/84	170/88	175/92	180/96	185/100	档差
帽座			4			/
袖口宽			5			/
下摆宽			5			/
帽口缉线			2.5			/
兜袋上宽/下宽/高	17/35/7	17.5/35.5/7	18/36/7	18.5/36.5/7	19/37/7	0.5

3. 基础结构图绘制

运动夹克中档规格结构图如图 3-17 所示。（注：以水洗前规格进行结构制图。）

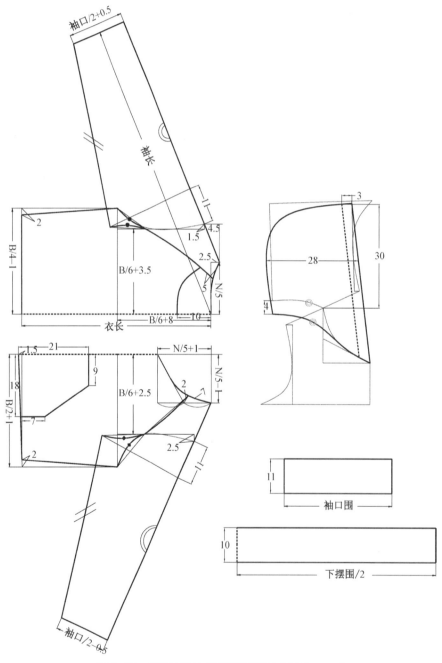

图 3-17　运动夹克中档规格结构图（单位：cm）

4. 纸样分解

① 面料衣片缝份。帽口折边 3.5 cm，胸兜袋折边 2.5 cm，其余 1 cm。

② 辅助材料使用及部位。1.5 cm 纱带用于领堂，棉绳用于风帽口，罗纹用于袖口与下摆。

③ 中档规格纸样绘制。运动夹克中档规格面料纸样如图 3–18 所示。

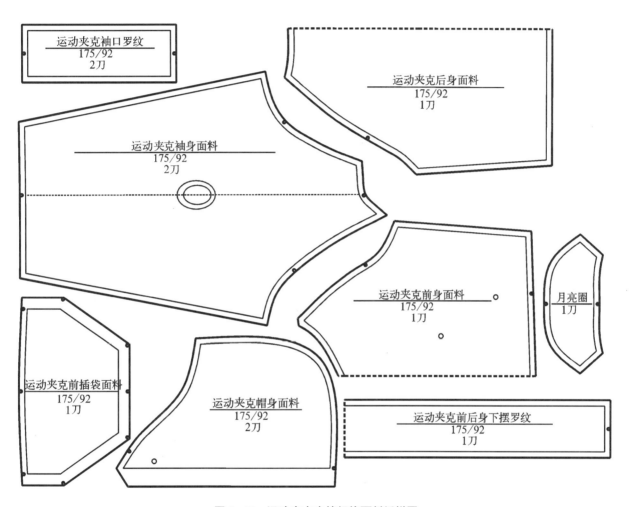

图 3–18　运动夹克中档规格面料纸样图

棒球夹克款式图如图3-19所示。

图3-19　棒球夹克正、背面款式图

1. 结构与工艺

① 结构特点。棒球夹克为典型的四分胸围结构，衣身由五大块面构成，两片前身、一片后身和两片袖身。领、下摆和袖口均使用相同的针织罗纹领。前衣身设置两只单嵌线斜插袋，门襟以7粒钦扣开合（后来发展至拉链开合），衣长略短，衣身宽松，整体结构简洁明快。

② 用料与工艺方法。经典的棒球夹克风格面料有粗花呢、法兰绒、针织绒、开司米和灯芯绒，这些天然的面料具有良好的质感，都会随着时间的推移而更具时代感，显出更独特的品味。在色彩与材料搭配上，棒球夹克经常使用衣身与袖身不同色彩与材质，如衣身为黑色、袖身用白色，粗呢衣身、镶拼皮袖等，使得棒球夹克在色彩与材料的选择上更具灵活性。

2. 规格设计

棒球夹克成衣各部位系列规格见表3-13、表3-14。

表3-13　5·4系列——棒球夹克成衣主要部位系列规格表 （单位：cm）

部位	165/84	170/88	175/92	180/96	185/100	档差
衣长（后）	61	63	65	67	69	2
胸围	114	118	122	126	130	4
下摆围	106	110	114	118	122	4
肩宽	47.6	48.8	50	51.2	52.4	1.2
袖长	62	63.5	65	66.5	68	1.5
领围	40	41	42	43	44	1
袖口围	28	29	30	31	32	1

表 3-14　5·4 系列——棒球夹克成衣次要部位系列规格表　　　　　　　（单位：cm）

部位	165/84	170/88	175/92	180/96	185/100	档差
搭门宽			3			/
后领高			5			/
袖口宽			7			/
下摆宽			7			/
插袋长/宽	13/1.5	13.5/1.5	14/1.5	14.5/1.5	15/1.5	0.5

3. 基础结构图绘制

棒球夹克中档规格结构图如图 3-20 所示。

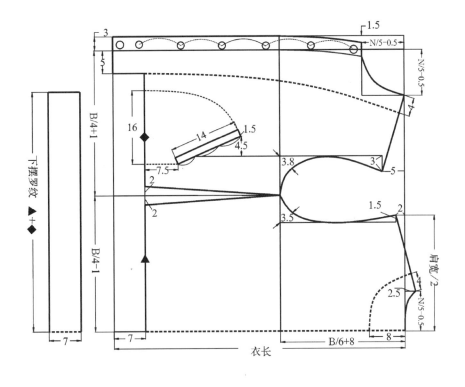

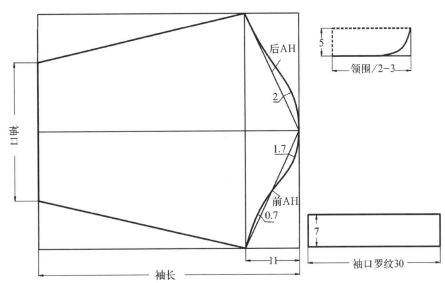

图 3-20　棒球夹克中档规格结构图（单位：cm）

4. 纸样分解

① 面料衣片缝份。衣身、衣袖、挂面及后月亮圈缝份均为 1 cm，罗纹为对折双层，缝份为 1 cm。

② 里料衣片缝份。前身和后身及袖身按面料衣片进行放缝，下摆和袖口多放 1.5 cm 作为余量，其余放缝 0.2 cm。

③ 辅助材料使用及部位。袋嵌线、开袋衬使用天纺衬，袖口下摆与领子使用罗纹，门襟用 7 粒揿扣开合。

④ 中档规格纸样绘制。棒球夹克中档规格面料纸样如图 3-21 所示。

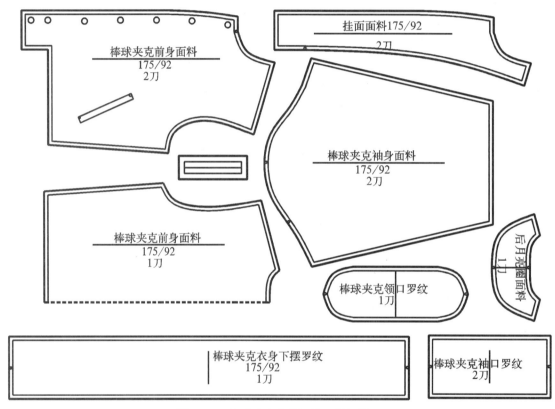

图 3-21　棒球夹克中档规格面料纸样图

飞行夹克中经典的款式是 B-3 飞行夹克。B-3 飞行夹克款式图如图 3-22、图 3-23 所示。

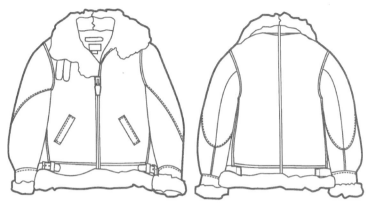

图 3-22　B-3 飞行夹克正、背面款式图

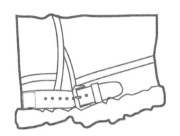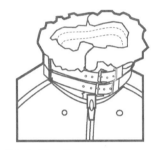

图 3-23　B-3 飞行夹克腰带与领带细节图

1. 结构与工艺

① 结构特点。B-3 飞行皮夹克有一个大的外翻的毛领，衣服的袖口和下摆都有一圈外翻的毛边，毛领可以竖立，并有两道皮带把它束紧，可以严严实实地包裹住的脖子，防止风从衣领口灌进。下摆左右也各有一条可以调节松紧的皮带，通过调节来收缩衣服的下摆。衣袖也可以翻卷调节长度。衣服左右各有一个深的斜插口袋用来暖手或装东西。弯身袖设计，袖身上部有加强皮料来强化手臂处的功能。衣身拼接处均有加强牛皮条，用以强化衣身的功能。

② 用料与工艺方法：B-3 夹克的选料早期为"皮毛一体"的真羊皮毛材料，后期随着纺织科技的不断发展，人工合成仿皮材料和羊羔绒材料也大量运用其中。使用典型的皮革服装制造工艺，缝制中采用"搭缝"工艺，并在缝份上嵌装加强牛皮条，以固化缝份强度。

2. 规格设计

B-3 飞行夹克成衣各部位系列规格见表 3-15、表 3-16。

表 3-15　5·4 系列——B-3 飞行夹克成衣主要部位系列规格表　　　（单位：cm）

部位	165/84	170/88	175/92	180/96	185/100	档差
衣长（后）	62	64	66	68	70	2
胸围	124	128	132	136	140	4
下摆围	128	132	136	140	144	4
肩宽	53.6	54.8	56	57.2	58.4	1.2
袖长	55	56.5	58	59.5	61	1.5
领围	48	49	50	51	52	1
袖口围	32	33	34	35	36	1

表 3-16 5·4 系列——B-3 飞行夹克成衣次要部位系列规格表 （单位：cm）

部位	165/84	170/88	175/92	180/96	185/100	档差
前领宽			10			/
后领高			10			/
里襟宽			8			
下摆宽			8			/
袖口宽			8			/
插袋长/宽	14/4	14.5/4	15/4	15.5/4	16/4	0.5
束腰带长/搭头长/宽	28/10/5	29/10/5	30/10/5	31/10/5	32/10/5	1
上领束带长/宽	58/3	59/3	60/3	61/3	62/3	1
下领束带长/搭头长/宽	23/8/3	24/8/3	25/8/3	26/8/3	27/8/3	1

3. 基础结构图绘制

B-3 飞行夹克中档规格结构图如图 3-24 所示。

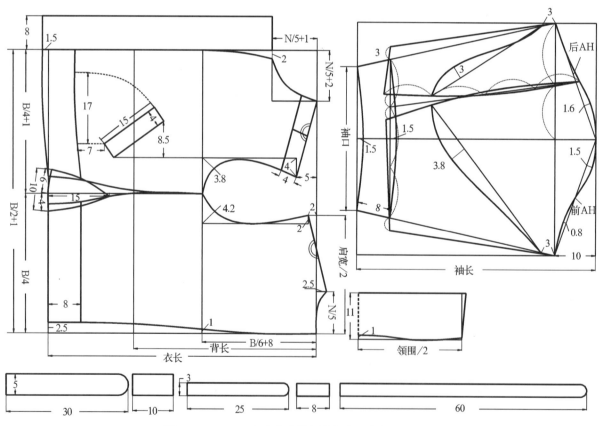

图 3-24 B-3 飞行夹克中档规格结构图（单位：cm）

4. 纸样分解

① 面料衣片缝份。前身侧缝、下摆放缝 1.5 cm，前身领口、肩线、袖窿为净样；左后身下摆放缝 1.5 cm，后中线、领口、肩线、侧缝为净样；右后身后中线、下摆放缝 1.5 cm，右后身领口、肩线、侧缝为净样；前后身下摆上口为净样，其余三边均需放缝 1.5 cm。衣领与衣袖均需放缝 1.5 cm。领部两根领束带、下摆两侧腰带为净样，需按净样制作。里料为羊羔绒，大小同面料一致。

② 辅助材料使用及部位。门襟使用 1 根拉链，领部装 2 根束领皮带，下摆两侧装 2 根束腰带。

③ 中档规格纸样绘制：B-3 飞行夹克中档规格面料纸样如图 3-25 所示。

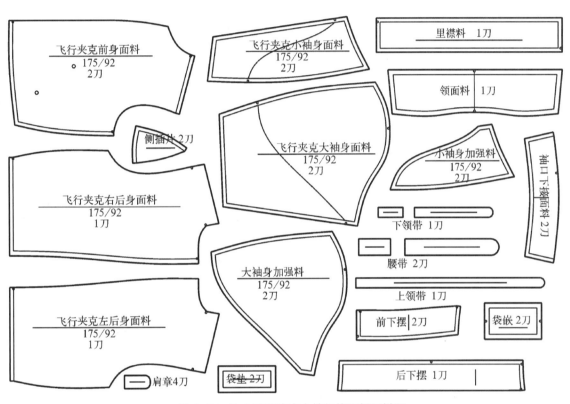

图 3-25 B-3 飞行夹克中档规格面料纸样图

机车夹克款式图如图 3-26 所示。

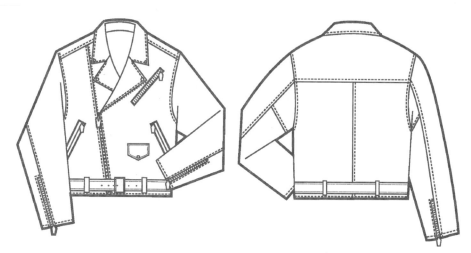

图 3-26　机车夹克正、背面款式图

1. 结构与工艺

① 结构特点。机车夹克为四分胸围结构，后身有背缝，下摆收紧贴身合体，整体结构较为合身。衣长较短且呈"T"型结构样式，后身设有横向分割，夸大肩背部造型，袖身修长，着装后使人更显精干与利落。前衣身运用较多的斜线分割，门襟的大斜线同衣领的小斜线及斜插袋线，纵横交错，通过下摆的腰带横线进行统一，颇具视觉美感。因此机车夹克被誉为斜直线组合的典范，也是其成为经久不衰的服装款型最终原因。

② 用料与工艺方法。一件功能性的机车夹克上的每个细节都是出于实用性的考虑而设计的，采用 1 mm 以上厚度皮革是机车夹克的标志性用料。材料有真皮与仿皮之分，经典机车夹克一般使用较厚重的皮革，配合金属拉链及铆钉等金属装饰物，以达到服装的厚重、力量感的效果。运用皮革服装工艺方法，明线止口，以金属拉链与铆钉装饰，使用夹里。

2. 规格设计

机车夹克成衣各部位系列规格见表 3-17、表 3-18。

表 3-17　5·4 系列——机车夹克成衣主要部位系列规格表　　（单位：cm）

部位	165/84	170/88	175/92	180/96	185/100	档差
衣长（后）	63	65	67	69	71	2
胸围	106	110	114	118	122	4
下摆围	96	100	104	108	112	4
肩宽	47.6	48.8	50	51.2	52.4	1.2
袖长	61	62.5	64	65.5	67	1.5
袖口围	28	29	30	31	32	1

表 3-18　5·4 系列——机车夹克成衣次要部位系列规格表　（单位：cm）

部位	165/84	170/88	175/92	180/96	185/100	档差
搭门宽			4			/
后领高			6/4			/
驳头宽	12.4	12.7	13	13.3	13.6	0.3
腰带长/宽	120/4.5	124/4.5	128/4.5	132/4.5	136/4.5	4
胸袋长/宽	14/1	14.5/1	15/1	15.5/1	16/1	0.5
插袋长/宽	13/1.5	13.5/1.5	14/1.5	14.5/1.5	15/1.5	0.5
左身袋盖	9.4/5	9.7/5	10/5	10.3/5	10.6/5	0.3
袖口拉链	19	19.5	20	20.5	21	0.5

3. 基础结构图绘制

机车夹克中档规格结构图如图 3-27 所示。

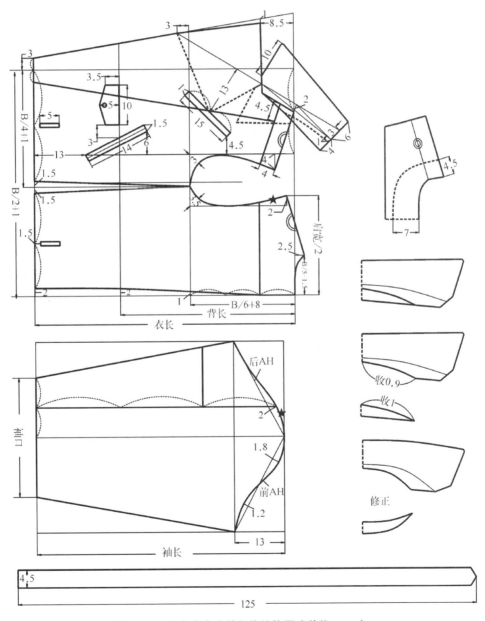

图 3-27　机车夹克中档规格结构图（单位：cm）

4. 纸样分解

① 面料衣片缝份。面料衣片放缝均为 1 cm，里料衣片放缝 1.2 cm，其中下摆与袖口加 1 cm 座势。

② 辅助材料使用及部位。门襟使用铜齿拉链，两插袋左胸斜插袋均使用铜齿拉链开合，左右袖口也使用铜齿拉链。腰下摆使用日字扣腰带，相关部位使用铆钉装饰。

③ 中档规格纸样绘制。机车夹克中档规格面料纸样如图 3-28 所示。

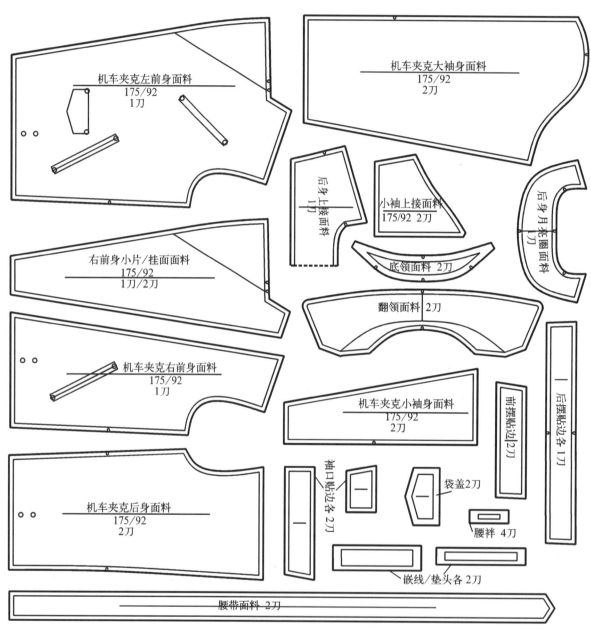

图 3-28　机车夹克中档规格面料纸样图

巴布尔夹克款式图见图3-29。

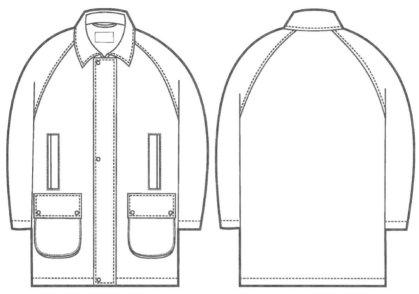

图3-29　巴布尔夹克正、背面款式图

1. 结构与工艺

① 结构特点。巴布尔夹克运用四分胸围结构方法，直身样式，插肩袖造型，整体结构简洁明快。前身左右有2个直插袋，插袋结构较为特别，为两层互搭方式，功能上防止内袋物品的外露；插袋下口为2个有袋盖的立体贴袋，可装置较多的物品。门襟使用拉链开合且加装挡风面牌。插肩袖的使用使得人体手臂活动空间增大，运动自如。半底领结构既可竖立遮挡风雨，也可翻驳于衣身之上，呈休闲状态。巴布尔夹克整体结构均体现了户外服装实用的结构设计理念。

② 用料与工艺方法。巴布尔夹克最初使用较厚的粗制纺织品，如碇蓝牛仔布、帆布等以保持其结实耐磨的功能要求。目前许多新型纺织品材料也是该服装的首选用料，如牛津纺、涤纺、混纺、防水材料等，不仅使其保持了一贯的户外实用功能特点，而且也增加了其现代服装的品味。

2. 规格设计

巴布尔夹克成衣各部位系列规格见表3-19、表3-20。

表3-19　5·4系列——巴布尔夹克成衣主要部位系列规格表　（单位：cm）

部位	165/84	170/88	175/92	180/96	185/100	档差
衣长（后）	85	87.5	90	92.5	95	2.5
胸围	114	118	122	126	130	4
下摆围	114	118	122	126	130	4
肩宽	48.6	49.8	51	52.2	53.6	1.2
袖长（后中）	87	89	91	93	95	2
领围	43	44	45	56	47	1
袖口围	32	33	34	35	36	1

表 3-20　5·4 系列——巴布尔夹克成衣次要部位系列规格表　　　　（单位：cm）

部位	165/84	170/88	175/92	180/96	185/100	档差
面牌宽			8			/
后领高			5/4			/
前领宽			9			
胸直袋长 / 宽	14/4	14.5/4	15/4	15.5/4	16/4	0.5
嵌线长 / 宽	14/3	14.5/3	15/3	15.5/3	16/3	0.5
贴袋长 / 宽	21/18	21.5/18.5	22/19	22.5/19.5	23/20	0.5
袋盖长 / 宽	19/8	19.5/8	20/8	20.5/8	21/8	0.5
袋墙宽			3			
下摆缉线			2.5			

3. 基础结构图绘制

巴布尔夹克中档规格结构图如图 3–30、图 3–31 所示。

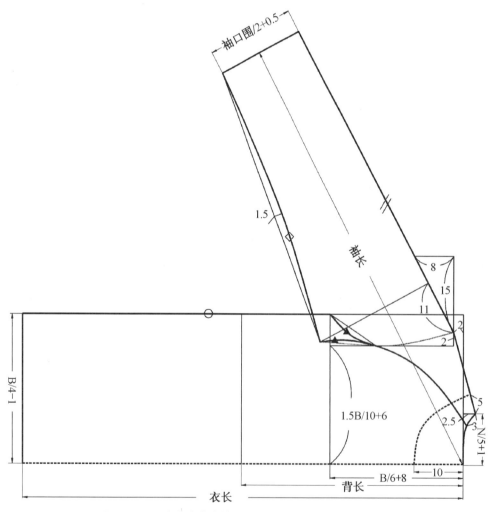

图 3-30　巴布尔夹克中档规格后衣袖结构图（单位：cm）

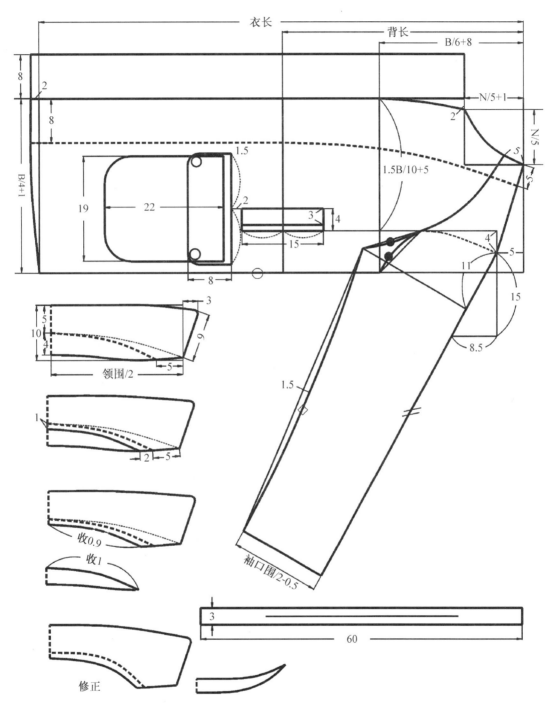

图 3-31　巴布尔夹克中档规格前衣袖结构图（单位：cm）

4. 纸样分解

① 面料衣片缝份。前后身下摆放缝 3.5 cm，其余放缝 1 cm。衣袖袖口放缝 3.5 cm，其余放缝 1 cm。衣领四周放缝 1.5 cm。大贴袋袋口放缝 3 cm，其余放缝 1.5 cm。其他零料放缝为 1 cm。

② 里料衣片缝份。里料衣身与衣袖按面料放缝过的衣片进行加放，挂面处在面料边线向门襟加放 2.5cm，下摆长度至面料折边线，其余均放 0.2 cm。

③ 辅助材料使用及部位。无纺衬使用于衣身开袋处、袋嵌、衣领、面牌外层、袋盖外层。门襟使用拉链开合，面牌用 3 副揿扣固定，贴袋袋盖两端分别有 2 副揿扣固定。

④ 中档规格纸样绘制。巴布尔夹克中档规格面料纸样如图 3-32 所示。

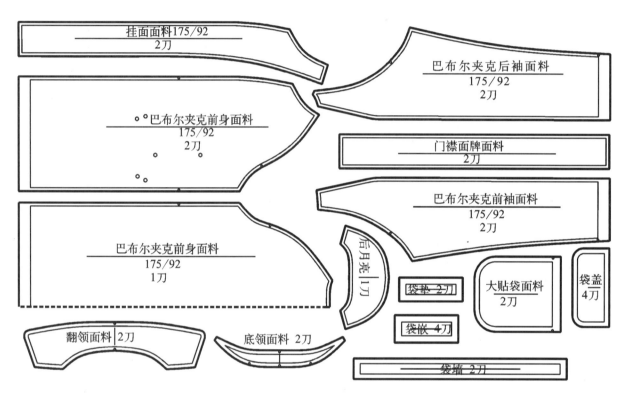

图 3-32　巴布尔夹克中档规格面料纸样图

六、猎装夹克

猎装夹克款式图如图 3-33 所示。

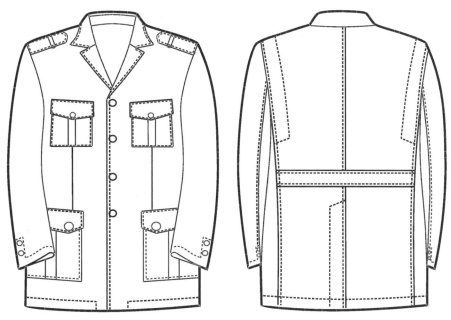

图 3-33　猎装夹克正、背面款式图

1. 结构与工艺

① 结构特点。采用三开身六片式结构，立体结构设计思路。围度与长度均比较自由，其基本款式为翻驳领，前身的门襟用 4 粒纽扣，前身上部设计有 2 个带盖口袋的贴袋，下部设计有 2 个带袋盖老虎袋，后背横断，后腰身明缉腰带，袖口处加袖衩或者装饰扣，肩部通常有肩衩；后背在袖窿处设有活褶，用以增加手臂前屈的活动量，同时后身开衩。

② 用料与工艺方法。猎装夹克的面料选用范围很广，可以选用棉麻、棉麻混纺等天然纤维面料，也可选用合成纤维面料。不过，夏日的猎装最好选用棉涤或者麻棉织物为宜。颜色常用米黄、银灰、宝蓝、咖啡、茶绿等。运用常规的有衬里服装工艺方法，车缝装饰明线是其工艺一大特色。

2. 规格设计

猎装夹克成衣各部位系列规格见表 3-21、表 3-22。

表 3-21　5·4 系列——猎装夹克成衣主要部位系列规格表　　　　（单位：cm）

部位	165/84	170/88	175/92	180/96	185/100	档差
衣长（后）	78	80	82	84	86	2
胸围	114	118	122	126	130	4
腰围	102	106	110	114	118	4
腹围	12	116	120	124	128	4
肩宽	47.6	48.8	50	51.2	52.4	1.2
袖长	60	61.5	63	64.5	66	1.5
袖口围	31.6	32.8	34	35.2	36.4	1.2
腰节	44.5	45.5	46.5	47.5	48.5	1

表 3-22 5·4 系列——猎装夹克成衣次要部位系列规格 （单位：cm）

部位	165/84	170/88	175/92	180/96	185/100	档差
翻/底领宽			4.5/3			/
搭门宽			3			/
小胸袋长/宽	12.4/11.4	12.7/11.7	13/12	13.3/12.3	13.6/12.6	0.3
小袋盖长/宽	11.4/6	11.7/6	12/6	12.3/6	12.6/6	0.3
大胸袋长/宽	19/17	19.5/17.5	20/18	20.5/18.5	21/19	0.5
大袋盖长/宽	17/7	17.5/7	18/7	18.5/7	19/7	0.5
下摆缉线宽			3			/
后衩高/宽			32/5			/

3. 基础结构图绘制

猎装夹克中档规格结构图如图 3-33 所示。

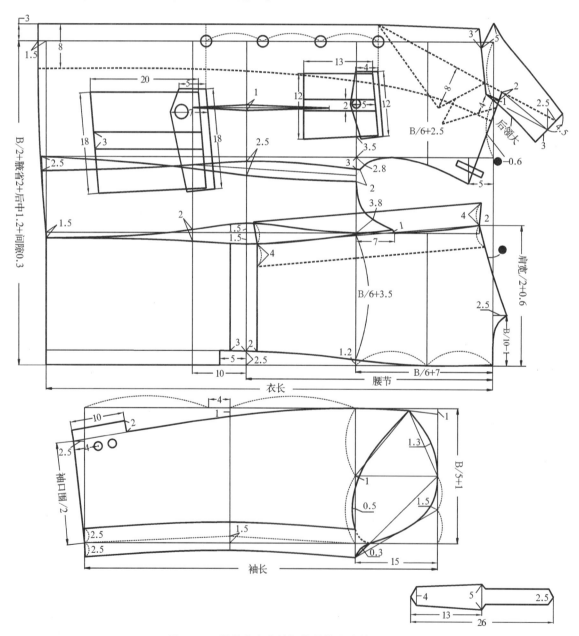

图 3-33 猎装夹克中档规格结构图（单位：cm）

4. 纸样分解

① 面料衣片缝份。前身门襟及领口处缝份 1.5 cm，下摆折边 4 cm，挂面领口缝份 1.5 cm，翻领缝份 1.5 cm；大小贴袋及袋盖丝缕对应衣身要求，缝份 1.5 cm。其他应根据成衣要求进行设计。

② 里料衣片缝份。根据面料毛样板绘制里料样板，与宽度部位相缝合处均比面料样板大出 0.2 cm，挂面处出 2.5 cm，前后身里料下摆与袖身里料袖口长度分别至面料样板的折边处出 1 cm（达到面里下摆折边相距 1 cm 的要求），前身里门襟处长出面料折边 1.5 cm（里料胸部的吃势）；后身里按分衩或劈衩方法配置，中缝设置 2 cm 坐缝至腰节处；后领处出 0.5 cm，袖山弧线出 1 cm，袖窿处出 1，可根据服装内视图要求进行缝份加放处理，口袋布按要求及形状进行配置。

③ 辅助材料使用及部位。辅助材料主要有无纺衬、纽扣、1 副垫肩、T/C 袋布等。无纺衬：大小袋盖和开袋、翻领面等部位，T/C 袋布用于前身里袋布，12 粒纽扣分别用于门襟、袖衩和胸袋。

④ 中档规格纸样绘制。男猎装中档规格面料纸样如图 3-34 所示。

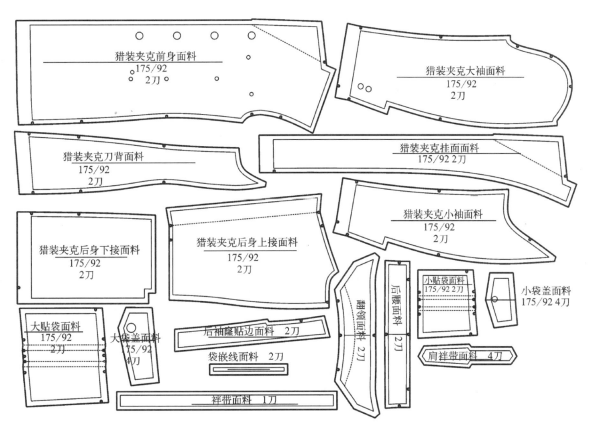

图 3-34　猎装夹克中档规格面料纸样图

七、牛仔夹克

牛仔夹克款式图见图3-35。

图3-35 牛仔夹克正、背面款式图

1. 结构与工艺

① 结构特点。牛仔夹克属典型的四分胸围结构，前后衣身胸背处均有横向分割，配合宽肩造型，有凸显胸背宽阔效果。在横向分割线之下，前后衣身使用纵向分割设计风格，较好地体现T形结构的视觉艺术，同时将胸袋与插袋隐藏分割线之中，整体结构干净、利索、美观、大方。

② 用料与工艺方法。主要选用蓝色牛仔布为面料，运用包边与拷边工艺，缉双止口线。牛仔服装成衣后需进行水洗或石磨处理，使成衣出现不同的面料肌理，寻求各类风格与效果。这类成衣后进行水洗处理的服装，需要认真把握好面料的缩水率，并将缩水率加入到服装成衣规格当中，以保证成衣水洗后实际规格同所设计的服装成衣规格相一致。因此，在结构制图时，应以水洗前规格（成衣规格＋面料缩水率）进行结构制图与纸样制作。

2. 规格设计

牛仔夹克成衣各部位系列规格见表3-23、表3-24。

表3-23　5·4系列——牛仔夹克成衣主要部位系列规格表　　　　（单位：cm）

部位	165/84	170/88	175/92	180/96	185/100	档差
衣长（后）	63	65	67	69	71	2
胸围	110	114	118	122	126	4
下摆围	98	102	106	110	114	4
肩宽	48.8	50	51.2	52.4	53.6	1.2
袖长	63.5	65	66.5	68	69.5	1.5
领围	47	48	49	50	51	1
袖口围	27	28	29	30	31	1

表 3-24　5·4系列——牛仔夹克成衣次要部位系列规格表　　（单位：cm）

部位	165/84	170/88	175/92	180/96	185/100	档差
翻/底领宽			5/4			/
领口宽			9			/
搭门宽			2.5			
袖克夫宽			5			/
袖衩长			5			/
下摆宽			3.5			/
胸袋盖长/宽	12.5/6	13/6	13.5/6	14/6	14.5/6	0.5
胸袋缉线 上、下、高	12/10 /14.5	12.5/10.5 /15	13/11 /15.5	13.5/11.5 /16	14/12 /16.5	0.5 0.5
插袋大	17	17.5	18	18.5	19	0.5

3. 基础结构图绘制

牛仔夹克中档规格结构图如图 3-36 所示。（注：以水洗前规格进行结构制图。）

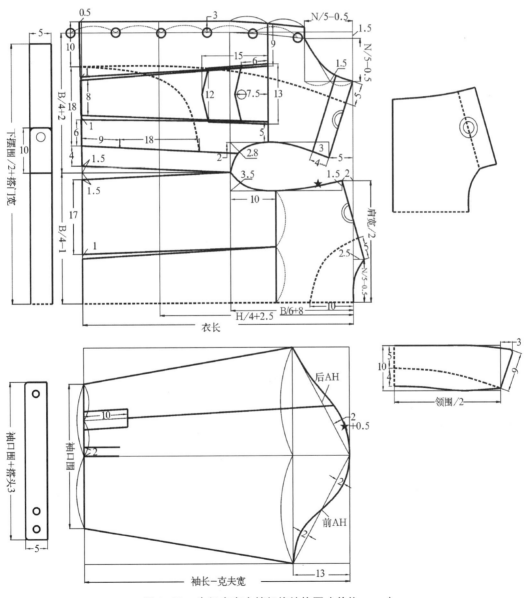

图 3-36　牛仔夹克中档规格结构图（单位：cm）

4. 纸样分解

① 面里料衣片缝份。面料衣片缝份：前身门襟止口、领口、下摆与袖克夫放缝 1.2 cm，其余按 1.3 cm 缝份放缝。里料衣片缝份：袋布按 1.5 cm 缝份放缝。

② 辅助材料使用及部位。12 粒工字扣，包括门襟 6 粒，胸袋盖 2 粒，袖口 2 粒，下摆搭袢 2 粒。

③ 中档规格纸样绘制。牛仔夹克中档规格面料纸样如图 3-37 所示。

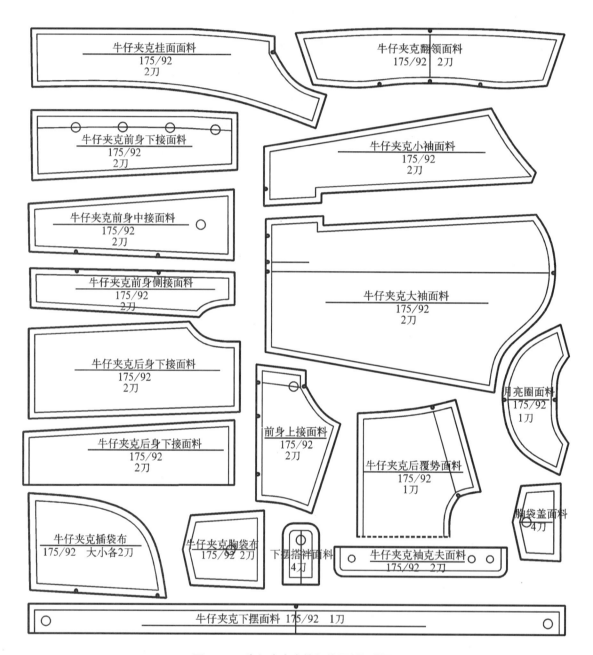

图 3-37　牛仔夹克中档规格面料纸样图

八、便装夹克

便装夹克款式图如图3-38所示。

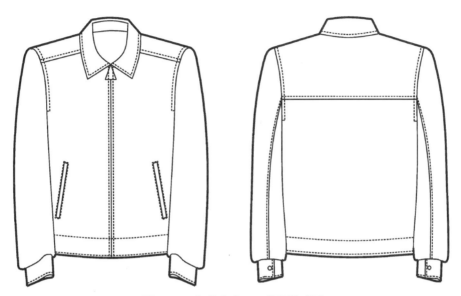

图3-38　便装夹克正、背面款式图

1. 结构与工艺

① 结构特点。四开身结构，由前后身、覆肩、两片直身袖等部件构成。领口、门襟、袖口、下摆等处都有相关内容设计，即有看点，特别是翻领的结构设计，该领型为典型的半底领结构，拉链到顶为关门领样式，拉链至第2粒扣位则成为驳领样式，领翻折线内收且圆润、饱满自然，因此需在翻领的结构基础上考虑其功能要求，进行半底领结构的二次处理，该款服装结构已成为此类服装结构的典范。

② 用料与工艺方法。男士便装夹克使用材料较为讲究，不同材质面料决定了此类服装的档次。一般选用中厚型精纺毛织物、棉麻织物或混纺织物，色彩深灰色居多，以藏青色等深色系为主。采用精细和规整的工艺要求。

2. 规格设计

便装夹克成衣各部位系列规格见表3-25、表3-26。

表3-25　5·4系列——便装夹克成衣主要部位系列规格表　　（单位：cm）

部位	165/84	170/88	175/92	180/96	185/100	档差
衣长（后）	65	67	69	71	73	2
胸围	112	116	120	124	128	4
下摆围	106	110	114	118	122	4
肩宽	47.6	48.8	50	51.2	52.4	1.2
袖长	63	64.5	65	66.5	68	1.5
领围	47	48	49	50	51	1
袖口围	28	29	30	31	32	1

表 3-26　5·4 系列——便装夹克成衣次要部位系列规格表　（单位：cm）

部位	165/84	170/88	175/92	180/96	185/100	档差
翻 / 底领宽			5/4			/
领口宽			8.8			/
里襟宽			5			/
袖克夫宽			5			/
下摆缉线			3.5			/
插袋宽 / 大	1.5/17	1.5/17.5	1.5/18	1.5/18.5	1.5/19	0.5

3. 基础结构图绘制

便装夹克中档规格结构图如图 3-39 所示。

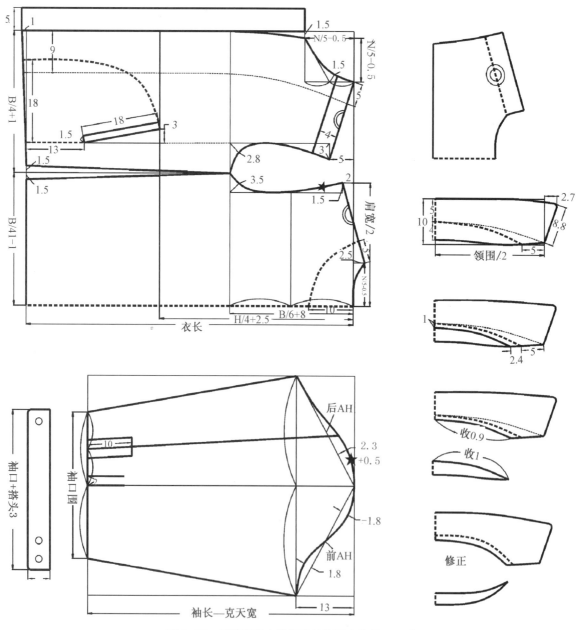

图 3-39　便装夹克中档规格结构图（单位：cm）

4. 纸样分解

① 面料衣片缝份。衣身门里襟止口放缝 1.6 cm，下摆折边 5 cm，翻底领缝份 1.5 cm，其余 1 cm。

② 里料衣片缝份。以面料衣片配置里料，前身挂面处出 2.5 cm，下摆除挂面处出面料折边线 2 cm（1 cm 为胸部余量）外，其余出 1 cm，肩、袖窿、侧缝等处出面料衣片的 0.2 cm，袋布按袋口大小要求加放。

③ 辅助材料使用及部位。无纺衬用于翻底领、里襟、开袋处及嵌线，1 根拉链，4 粒纽扣，1 副垫肩，T/C 袋布。

④ 中档规格纸样绘制。便装夹克中档规格面料纸样如图 3–40 所示。

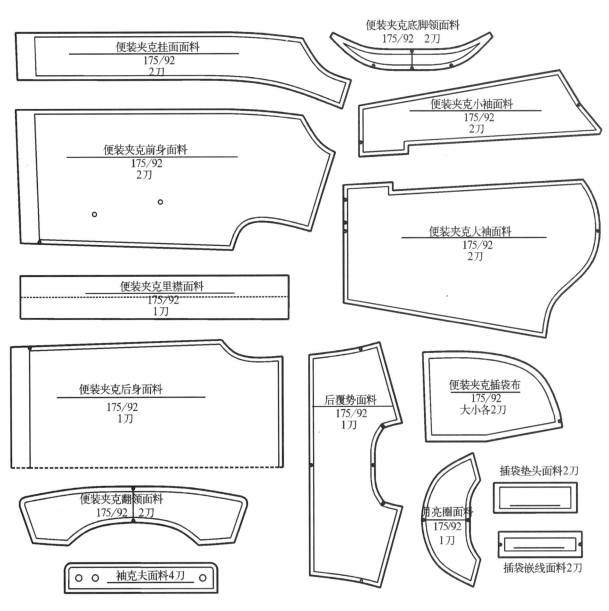

图 3–40　便装夹克中档规格面料纸样图

九、休闲夹克

休闲夹克款式图如图3-41所示。

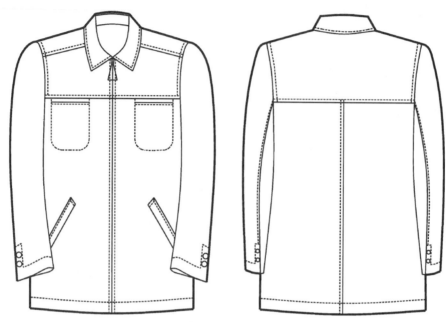

图3-41 休闲夹克正、背面款式图

1. 结构与工艺

① 结构特点。四分结构，由前后身、覆肩、两片弯身袖（西服袖）、衣领等部件构成。增加了前身的横向分割与后身的纵向分割，使得该款服装结构更具男性化特质，两片弯身袖设计保留了经典男装袖型与风格，胸袋与插袋设计不仅具有极强的功能性，而且也彰显了该款服装随意与浪漫的本质特色。

② 材料与工艺方法。选材较为广泛，一般以中厚料为主，毛呢、混纺、棉麻、合成纤维等面料均可作为本款服装的使用面料。色彩以中性色偏多，有咖啡、驼色、土黄、墨绿、深灰等。成衣工艺要求精致和细腻，能够体现男性服装本质。

2. 规格设计

休闲夹克成衣各部位系列规格见表3-27、表3-28。

表3-27 5·4系列——休闲夹克成衣主要部位系列规格表 （单位：cm）

部位	165/84	170/88	175/92	180/96	185/100	档差
衣长（后）	76	78	80	82	84	2
胸围	116	120	124	130	134	4
下摆围	110	114	118	122	126	4
肩宽	50.6	51.8	53	54.2	55.4	1.2
袖长	62	63.5	65	66.5	68	1.5
袖口围	34	35	36	37	38	1
领围	45	46	47	48	49	1

表 3-28　5·4 系列——休闲夹克成衣次要部位系列规格表 （单位：cm）

部位	165/84	170/88	175/92	180/96	185/100	档差
翻/底领宽			5/4			/
领口宽			10			/
袖衩长			8			
下摆缉线			3			
胸袋宽/大	11.4/12.9	11.7/13.2	12/13.5	12.3/13.8	12.6/14.1	0.3
插袋宽/大	2.5/17	2.5/17.5	2.5/18	2.5/18.5	2.5/19	0.5

3. 基础结构图绘制

休闲夹克中档规格结构图如图 3-42 所示。

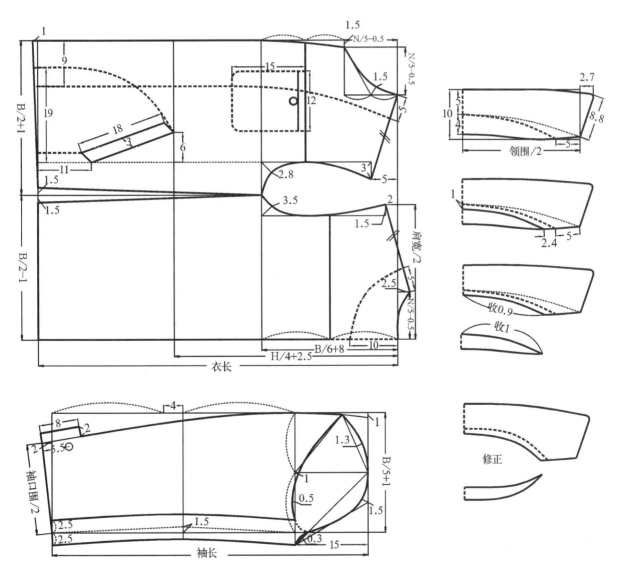

图 3-42　休闲夹克中档规格结构图（单位：cm）

4. 纸样分解

① 面料衣片缝份。衣身门里襟止口放缝 1.6 cm，下摆折 4 cm，袖口折边 5 cm，翻底领缝份 1.5 cm，其余 1 cm。

② 里料衣片缝份。以面料衣片配置里料，前身挂面处出 2.5 cm，下摆除挂面处出面料折边线 2 cm（1 cm 为胸部余量）外，其余出 1cm，肩、袖窿、侧缝等处出面料衣片的 0.2 cm，袋布按袋口大小要求加放。大小袖袖口长至面料衣片折边线下 1 cm，袖山出面料衣片 0.5 cm，其他边为 0.2 cm。

③ 辅助材料使用及部位。无纺衬用于翻底领、里襟、胸开袋处及嵌线、插袋爿、袖口折边等，1 根拉链用于门襟，6 粒纽扣分别用于袖衩和胸袋，1 副垫肩，T/C 袋布。

④ 中档规格纸样绘制。休闲夹克中档规格面料纸样图如图 3-43 所示。

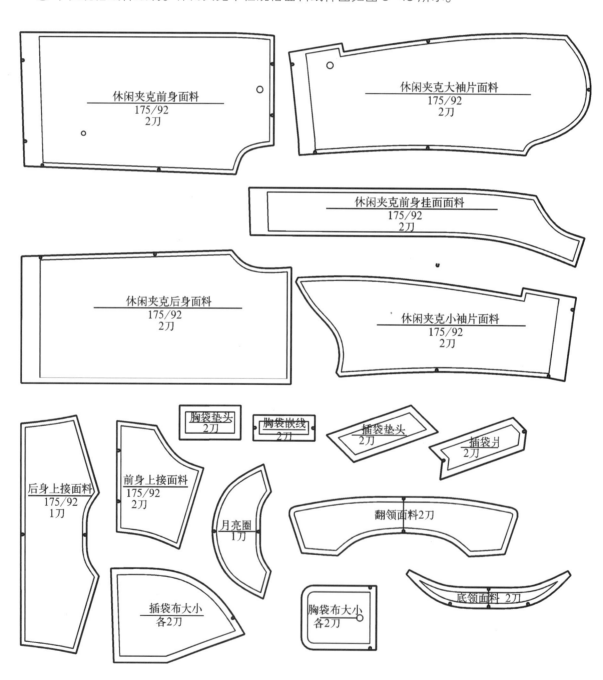

图 3-43　休闲夹克中档规格面料纸样图

第四章｜男传统外套结构设计与纸样工艺

第一节 礼仪性外套

一、柴斯特外套

柴斯特外套款式图如图 4-1 所示。

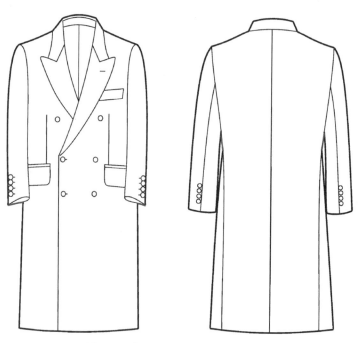

图 4-1 柴斯特外套正、背面款式图

1. 结构与工艺

① 结构特点。双排 6 粒扣、戗驳领，称 6 粒扣柴斯特外套。成衣胸围放松量为（净围 +28 cm 左右），衣长约为 2.5 背长 –5 cm 左右。整体结构采用三分胸围法，强调 X 型造型，左胸有手巾袋，前身有左右对称的两个有袋盖的口袋，整体结构合体。袖衩上设 4 粒纽扣，与双排戗驳领西服结构相似，袖身采用两片弯身西服袖结构。

② 材料与工艺方法。选用中厚型材料，高档毛呢面料，如羊绒呢、贡呢、马裤呢、大衣呢、华达呢等，外套颜色以黑、深蓝色为主。采用男士外套的精做工艺，前身加胸衬辅助造型，使用滚边与归拔及手工工艺，完成此类服装工艺造型。

2. 规格设计

柴斯特外套成衣各部位系列规格见表 4-1，表 4-2。

表 4-1 5·4 系列——柴斯特外套成衣主要部位系列规格表　　　　　　（单位：cm）

部位	165/84	170/88	175/92	180/96	185/100	档差
衣长（后）	106	109	112	115	118	3
胸围	112	116	120	124	128	4
领围	45	46	47	48	49	1

部位	165/84	170/88	175/92	180/96	185/100	档差
腰节	43.5	44.5	45.5	46.5	47.5	1
肩宽	47.6	48.8	50	51.2	52.4	1.2
袖长	61.5	63	64.5	66	67.5	1.5
袖口 /2	16.8	17.4	18	18.6	19.2	0.6

表 4-2　5·4 系列——柴斯特外套成品次要部位系列规格　　（单位：cm）

部位	165/84	170/88	175/92	180/96	185/100	档差
驳头宽	9.4	9.7	10	10.3	10.6	0.3
翻 / 底领宽			5/3.5			/
驳领口宽			7.5/4			/
搭门宽			8			/
手巾袋长 / 宽	10.4/3	10.7/3	11/3	11.3/3	11.6/3	0.3
袋盖长 / 宽	14.2/6	14.6/6	15/6	15.4/6	15.8/6	0.4
后衩长 / 宽	49/5	51/5	53/5	55/5	57/5	2
下摆折边			5			/

3. 基础结构图绘制

柴斯特外套中档规格结构图如图 4-2 所示。

4. 纸样分解

① 面料衣片缝份。下摆折边 5 cm，后中缝缝份 2.5 cm，挂面为耳朵皮造型缝份 1 cm，其余 1 cm。翻领面里缝份 1.5 cm。插袋爿丝缕对应衣身要求。其他应根据成衣要求进行设计。

② 里料衣片缝份。根据面料毛样板绘制里料样板，与宽度部位相缝合处均比面料样板大出 0.2 cm，挂面处出 1.5 cm（面里为搭缝工艺），前后身里料下摆与袖身里料袖口长度分别至面料样板的折边处出 1 cm（达到面里下摆折边相距 2 cm 的要求），前身里门襟处长出面料折边 1.5 cm（里料胸部的吃势）。后领处出 0.5 cm，袖山弧线出 1 cm，袖窿处出 1，后身里料中缝坐缝 2.5 cm，开衩处按成衣工艺不同要求进行里料配置（分衩或劈衩）。口袋布按要求及形状进行配置。

③ 辅助材料使用及部位。传统型柴斯特外套辅助材料众多，包括有纺衬、无纺衬、黑炭衬、针刺棉、双面胶、纱带、牵条、领底绒、T/C 袋布等，具体运用如下：

有纺衬：前身、挂面、翻领面 / 里、刀背处、后衩门襟、下摆折边等；

无纺衬：手巾袋爿、大袋盖 / 嵌、里袋开袋、里袋嵌、里卡袋开袋、里卡袋嵌；

树脂衬：手巾袋袋爿；

牵条：门里襟止口、驳头、领堂、袖窿；

T/C 袋布：手巾袋布、大袋布、里袋布、小卡袋布；

黑色天鹅绒：翻领面；

领里绒：翻领里（斜丝缕）；

黑炭衬：大胸衬（从肩头—驳头线内—下摆的形状），盖肩衬（从肩头至领口向下 12 cm，袖窿向下 8 cm 的形状）；

针刺棉衬，比大胸衬一周大 1.5 cm 左右，袖山衬条为黑炭衬与针刺棉衬条，长 40 cm，宽 5 cm。

④ 中档规格纸样绘制。柴斯特外套中档规格面料纸样如图 4-3 所示。

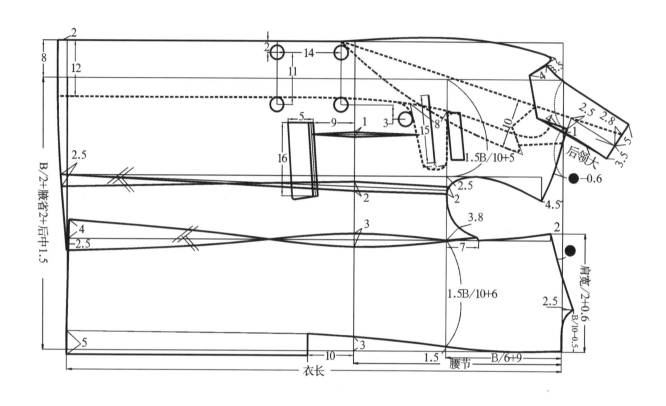

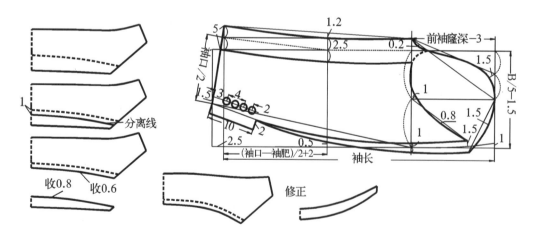

图4-2 柴斯特外套中档规格结构图（单位：cm）

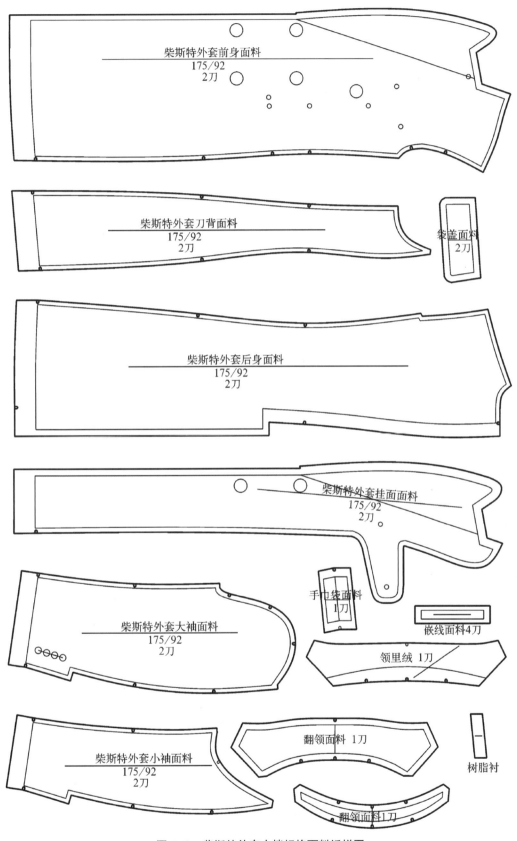

柴斯特外套前身面料
175/92
2刀

柴斯特外套刀背面料
175/92
2刀

袋盖面料
2刀

柴斯特外套后身面料
175/92
2刀

柴斯特外套挂面面料
175/92
2刀

手巾袋面料
1刀

柴斯特外套大袖面料
175/92
2刀

嵌线面料4刀

领里绒 1刀

柴斯特外套小袖面料
175/92
2刀

翻领面料 1刀

树脂衬

翻领面料1刀

图 4-3 柴斯特外套中档规格面料纸样图

波鲁外套款式图如图 4-4 所示。

图 4-4　波鲁外套正、背面款式图

1. 结构与工艺

① 结构特点。成衣胸围放松量为（净围 + 35 cm 左右），整体采用宽松无省直线结构，前后片肩部削减 1.5 cm 左右的量，是根据波鲁外套包肩造型所设计，在肩部和袖山顶部的结构处理上，采用袖借肩的互补原理设计。袖子的设计是根据前后身所提供参数，完成两片袖结构在此基础上袖山顶点向上提高 2 cm，作为前后肩部的补偿部分，并在此作 2.5 cm 的省量，在背宽横线位置互借 1.5 cm，袖山弧线大于袖窿弧线 3~4 cm，使袖山造型丰满圆润。袖口翻边，后身明腰带和明贴袋是波鲁外套的特色。

② 材料与工艺方法。选用中厚型高档毛呢面料，如羊绒呢、贡呢、马裤呢、大衣呢、华达呢等，外套颜色以黑、深蓝色为主。采用男士外套的精做工艺，前身加胸衬辅助造型，使用滚边与归拔及手工工艺，完成此类服装工艺造型。

2. 规格设计

波鲁外套成衣各部位系列规格见表 4-3、表 4-4。

表 4-3　5·4 系列——波鲁外套成衣主要部位系列规格表　　　　（单位：cm）

部位	165/84	170/88	175/92	180/96	185/100	档差
衣长（后）	104	108	112	116	120	3
胸围	118	122	126	130	134	4
领围	45	46	47	48	49	1
腰节	43.5	44.5	45.5	46.5	47.5	1
肩宽	47.1	48.3	49.5	50.7	51.9	1.2
袖长	63	64.5	66	67.5	69	1.5
袖口 /2	16.8	17.4	18	18.6	19.2	0.6

表 4-4　5·4 系列——波鲁外套成衣次要部位系列规格 (单位: cm)

部位	165/84	170/88	175/92	180/96	185/100	档差
驳头宽	9.9	10.2	10.5	10.8	11.1	0.3
翻/底领宽			5/3.5			/
翻/驳领口宽			4/7.5			/
搭门宽			8			/
贴袋长/宽	21/18	21.5/18.5	22/19	22.5/19.5	23/20	0.5
袋盖长/宽	15/7	15.5/7	16/7	16.5/7	17/7	0.5
后衩长/宽	49/5	51/5	53/5	55/5	57/5	2
下摆折边			5			/

3. 基础结构图绘制

波鲁外套中档规格结构图如图 4-5 所示。

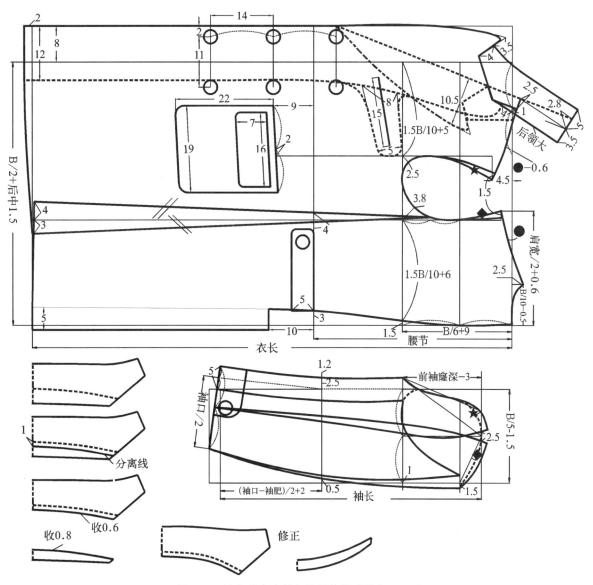

图 4-5　波鲁外套中档规格结构图 (单位: cm)

4. 纸样分解

① 面料衣片缝份。下摆折边 5 cm，后中缝缝份 2.5 cm，挂面为耳朵皮造型缝份 1 cm，其余
1 cm；翻领面里缝份 1.5 cm，贴袋丝缕对应衣身要求。其他应根据成衣要求进行设计。

② 里料衣片缝份。可根据服装内视图要求进行缝份加放处理，后身里料中缝坐缝 2.5 cm，开衩
处按成衣工艺不同要求进行里料配置。口袋布按要求及形状进行配置。

③ 中档规格纸样绘制。波鲁外套中档规格面料纸样如图 4-6 所示。

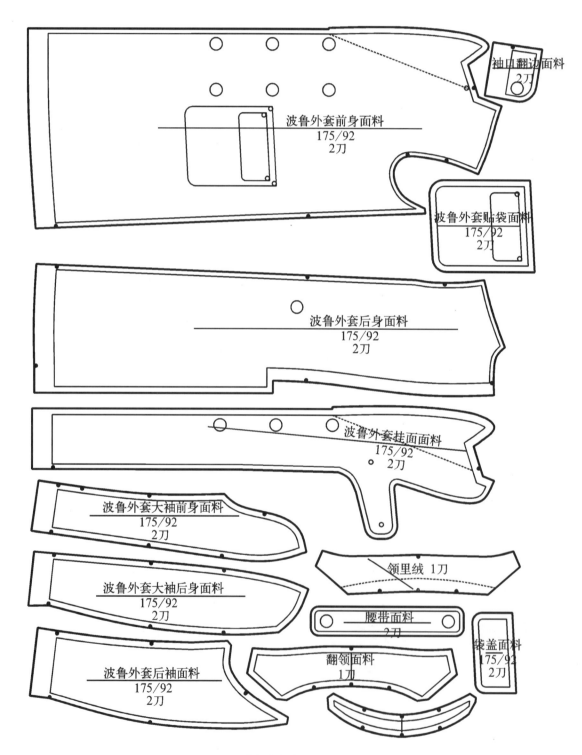

图 4-6　波鲁外套中档规格面料纸样图

第二节　便装外套

一、巴尔玛外套

巴尔玛外套款式图如图 4-7 所示。

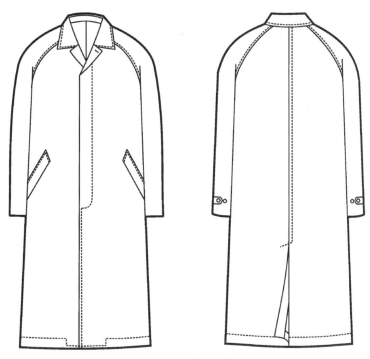

图 4-7　巴尔玛外套正、背面款式图

1. 结构与工艺

① 结构特点。成衣胸围放松量同波鲁外套相当（净围 +35 cm 左右），整体采用宽松无省直线结构，运用暗门襟和插肩袖形式，能够体现男性含蓄内敛与优雅性格。巴尔玛外套常作为普通外套的标准结构，几乎可以结合任何外套的形式变通处理，由于它在结构上的放松性，礼仪上不严格性，往往成为流行外套设计的结构基础。

② 材料与工艺方法。巴尔玛外套选材较为宽泛，用一般材料可成为风衣之功能，同高档材料结合则成为外套大衣功能，因此成为男性特别喜爱的品种之一。采用常规男性外套成衣工艺方法。

2. 规格设计

巴尔玛外套成衣各部位系列规格见表 4-5、表 4-6。

表 4-5　5·4 系列——巴尔玛外套成衣主要部位系列规格表　（单位：cm）

部位	165/84	170/88	175/92	180/96	185/100	档差
衣长（后）	107	110	113	116	119	3
胸围	114	118	126	126	130	4
领围	45	46	47	48	49	1

部位	165/84	170/88	175/92	180/96	185/100	档差
腰节	43.5	44.5	45.5	46.5	47.5	1
袖长（后中）	85	87	89	91	93	2
袖口围/2	17	17.5	18	18.5	19	0.5

表4-6　5·4系列——巴尔玛外套成衣次要部位系列规格　　　　（单位：cm）

部位	165/84	170/88	175/92	180/96	185/100	档差
翻/底领宽	6/4					/
翻领领口/领嘴	9/4.5					/
搭门宽	4					/
门襟长/宽	58.5/7	60/7	61.5/7	63/7	64.5/7	1.5
插袋长/宽	17.6/4.5	18/4.5	18.4/4.5	18.8/4.5	19.2/4.5	0.4
后衩长/宽	53.5/5	55/5	56.5/5	58/5	59.5/5	1.5
下摆折边宽	5					/

3. 基础结构图绘制

巴尔玛外套中档规格结构图如图4-8～图4-11所示。

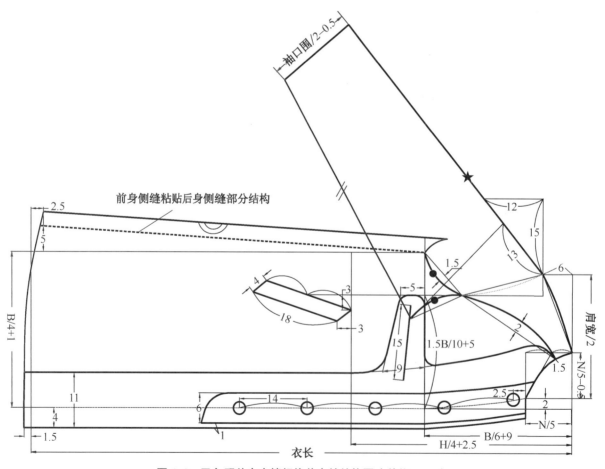

图4-8　巴尔玛外套中档规格前衣袖结构图（单位：cm）

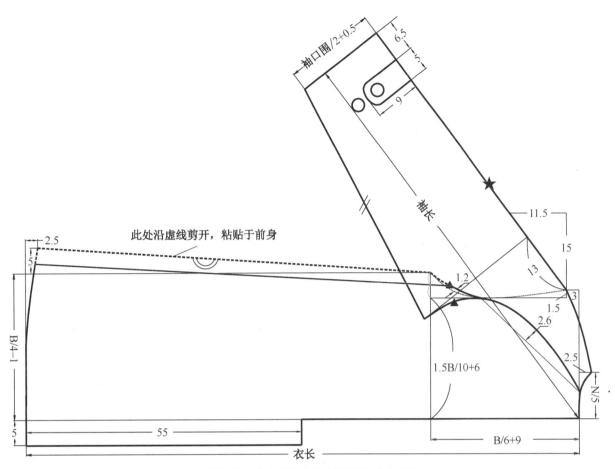

图4-9 巴尔玛外套中档规格后衣袖结构图（单位：cm）

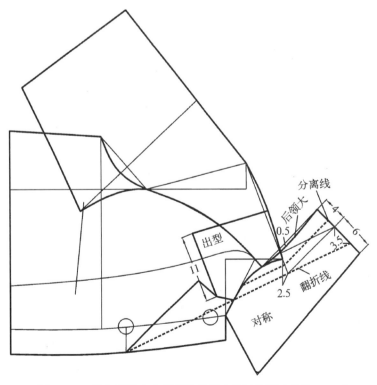

图4-10 巴尔玛外套中档规格前身衣领结构图（单位：cm）

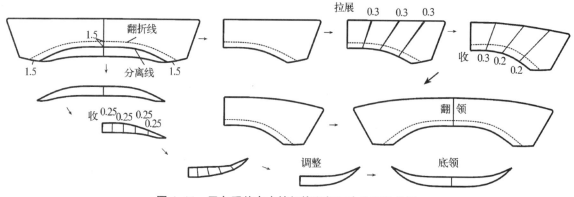

图 4-11 巴尔玛外套中档规格翻领二次处理结构图

4. 纸样分解

① 面料衣片缝份。下摆折边 5 cm，后中缝缝份 2.5 cm，挂面为耳朵皮造型缝份 1 cm，其余 1 cm；翻领面里缝份 1.5 cm，插袋爿丝缕对应衣身要求。其他应根据成衣要求进行设计。

② 里料衣片缝份。根据面料毛样板绘制里料样板，与宽度部位相缝合处均比面料样板大出 0.2 cm，挂面处出 2.5 cm，前身里下摆比面料折边处长出 1 cm，后身与袖口至面料样板的折边处，前身里门襟处长出面料折边 2.5 cm（里料胸腹部的吃势）；后领处出 0.5 cm，袖山弧线出 1 cm，袖窿处出 1 cm，后背坐缝 1.5 cm 至腰节线，腰节线以下为 0.2 cm；后身里料中缝坐缝 2.5 cm，根据后身面料不同开衩工艺要求进行里料配置，口袋布按要求及形状进行配置。

③ 辅助材料使用及部位。有纺衬用于前身、前身挂面、翻领面／里，无纺衬用于插袋爿、里袋开袋、里袋嵌、里卡袋开袋、里卡袋嵌，树脂衬用于插袋袋爿；牵条用于门里襟止口、领堂，T/C 袋布用于插袋、里袋。

④ 中档规格纸样绘制。巴尔玛外套中档规格面料纸样如图 4-12 所示。

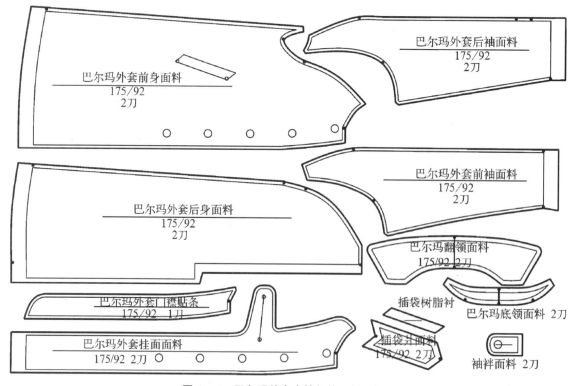

图 4-12 巴尔玛外套中档规格面料纸样图

二、风衣外套

风衣外套款式图如图 4-13 所示。

图 4-13　风衣外套正、背面款式图

1. 结构与工艺

① 结构特点。整体结构和巴尔玛外套相似，袖子为插肩袖结构，袖长比一般外套要长些，袖口处有袖祥带设计，后衩采用封闭型暗衩结构，通过增加另外结构使得下摆活动量增大，工艺上为封闭而对称的暗褶。后披肩采用完整的结构造型，以后背缝收腰及腰带收束产生的空隙增加披肩的防雨效果，披肩底摆呈中间凸两边凹的曲线造型，为引水功能所设计。右胸有披肩，双搭门闭合时，左襟可以插进右胸盖布内侧，由里边的纽扣固定，在结构上形成左右双重搭门，以防止任何方向的风雨侵入。领子为立翻领结构，并增加领祥，肩祥与袖祥均采用可装卸式结构，整体均以功能为主导——防风雨侵袭。衣身、围度与长度类似于巴尔玛外套，采用三开身结构方法。

② 材料与工艺方法。风衣外套在材料上选择一般为防雨材料，但随着科技的创新，纺织材料日新月异，那些表面及手感同一般材料类似的既能防雨水，但又透气的服装材料为风雨衣的选材提供了广阔的空间，目前风雨衣选材已经不只是传统防雨布范畴了，拓展到了更宽泛的领域，色彩也更加丰富。采用常规成衣生产工艺方法。

2. 规格设计

风衣外套成衣各部位系列规格见表 4-7，表 4-8。

表 4-7　5·4 系列——风衣外套成衣主要部位系列规格表　　　　　（单位：cm）

部位	165/84	170/88	175/92	180/96	185/100	档差
衣长（后）	102	105	108	111	114	3
胸围	118	122	126	130	134	4
领围	45	46	47	48	49	1
腰节	43.5	44.5	45.5	46.5	47.5	1
袖长（后中）	88	90	92	94	96	2
袖口围 /2	18.8	19.4	20	20.6	21.2	0.6

表 4-8　5·4 系列——风衣外套成衣次要部位系列规格　　（单位：cm）

部位	165/84	170/88	175/92	180/96	185/100	档差
驳头宽	12.4	12.7	13	13.3	13.6	0.3
翻/底领宽			7.5/4.5			/
翻领口宽			9			/
搭门宽			9			/
插袋盖长/宽	19	19.5	20/7	20.5	21	0.5
腰带长/宽	128/5	132/5	136/5	140/5	144/5	4
袖带长/宽	46/2.5	48/2.5	50/2.5	52/2.5	54/2.5	2
肩袢长/宽	28/5	29/5	30/5	31/5	32/5	1
后衩长	54	56	58	60	62	2
下摆折边			5			/

3. 基础结构图绘制

风衣外套中档规格结构图如图 4-14、图 4-15 所示。

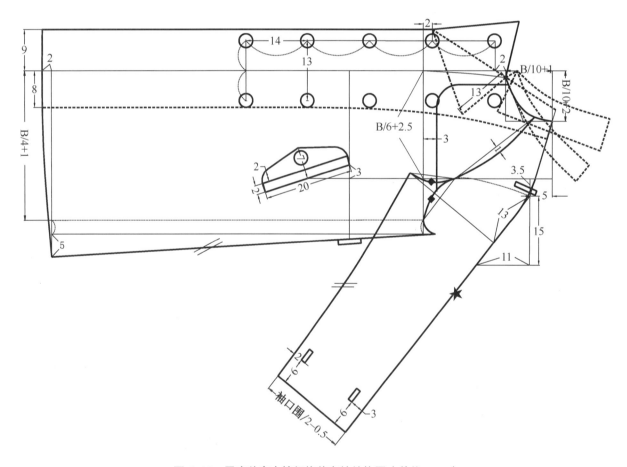

图 4-14　风衣外套中档规格前衣袖结构图（单位：cm）

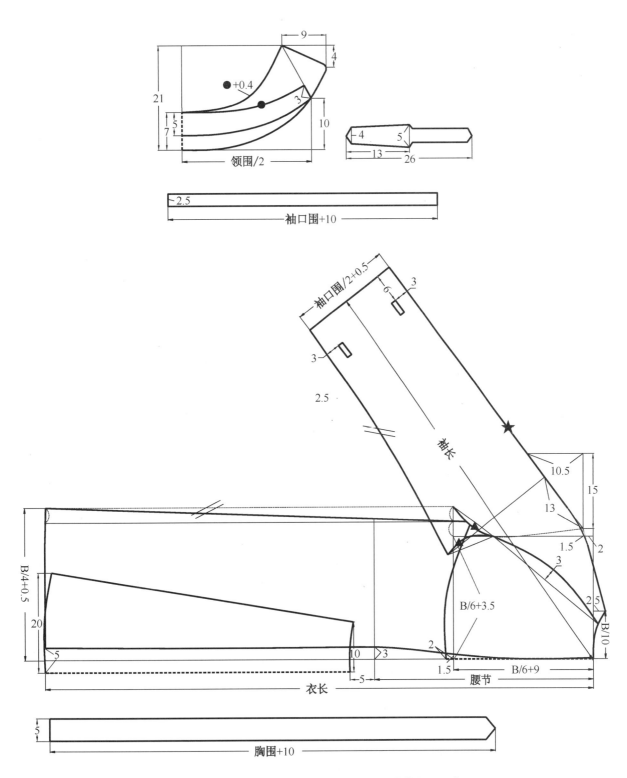

图 4-15 风衣外套中档规格后衣袖结构图（单位：cm）

4. 纸样分解

① 面料衣片缝份。下摆折边 5 cm，袖口折边 5 cm，后衩贴布下摆折边 5 cm，后中缝缝份 1.5 cm，挂面缝份 1.2 cm，翻领面里缝份 1.5 cm，其余缝份均为 1 cm；插袋盖丝缕对应衣身要求。其他应根据成衣要求进行设计。

② 里料衣片缝份。可根据服装内视图要求进行缝份加放处理，后身里料中缝坐缝 2 cm，开衩处按成衣工艺不同要求进行里料配置。口袋布按要求及形状进行配置。

③ 中档规格纸样绘制。风衣外套中档规格面料纸样如图 4-16 所示。

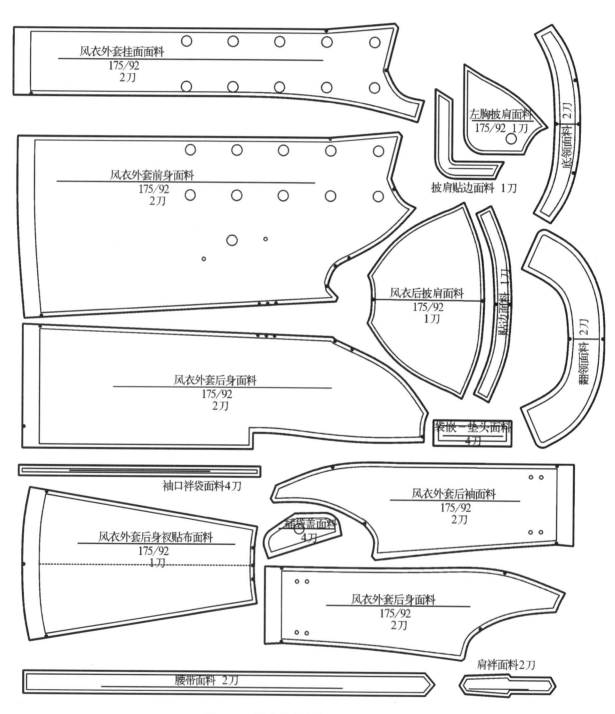

图 4-16　风衣外套中档规格面料纸样图

三、达夫尔外套

达夫尔款式图如图4-17所示。

图 4-17　达夫尔外套正、背面款式图

1. 结构与工艺

① 结构特点。达夫尔外套整体结构较松，长度在膝盖以上至大腿中下部（h/2+5～6 cm），侧缝后移，两侧开衩（明衩），盖肩布采用连体结构，周边缉明线固定，前襟四个明扣襻采用明装结构，搭襻用三角皮革固定，搭扣采用骨质或硬质材质制成。袖子结构较有特色，采用连体两片袖结构（两片圆袖结构，将袖前缝拼合而构成一片袖结构），袖窿缉明线。连风帽结构，设计依据是帽高与帽宽、帽座高度，有一定的设计规范。达夫尔外套是男装中较为经典的款型，对其后的便装外套、夹克、户外服装均产生较为深远的影响，尤其是细节刻画给其他服装结构设计树立了典范。

② 材料与工艺方法。达夫尔外套面料一般采用较厚的粗纺呢，如花呢、麦尔灯、羊绒呢、苏格兰呢等面料，色彩有素色及经典的条格图案等。如今达夫尔外套均加装里料，采用一般成衣工艺方法进行制作，装饰明线是其显著特点。

2. 规格设计

达夫尔外套成衣各部位系列规格见表4-9、表4-10。

表 4-9　5·4系列——达夫尔外套成衣主要部位系列规格表　　　　　　（单位：cm）

部位	165/84	170/88	175/92	180/96	185/100	档差
衣长（后）	93	96	99	102	105	3
胸围	114	118	122	126	130	4
领围	47	48	49	50	51	1
腰节	43.5	44.5	45.5	46.5	47.5	1
肩宽	48.6	49.8	51	52.2	53.4	1.2
袖长	62	63.5	65	66.5	68	1.5
袖口 /2	17.8	18.4	19	19.6	20.2	0.6

表 4-10　5·4 系列——达夫尔外套成衣次要部位系列规格　　　（单位：cm）

部位	165/84	170/88	175/92	180/96	185/100	档差
帽高 / 宽	28/23	29/24	30/25	31/26	32/27	1
帽座			4			/
搭门宽			5			/
贴袋长 / 宽	19/17	19.5/17.5	20/18	20.5/18.5	21/19	0.5
袋盖长 / 宽	18/7	18.5/7	19/7	19.5/7	20/7	0.5
下摆折边宽			5			/

3. 基础结构图绘制

达夫尔外套中档规格结构图如图 4-18 所示。

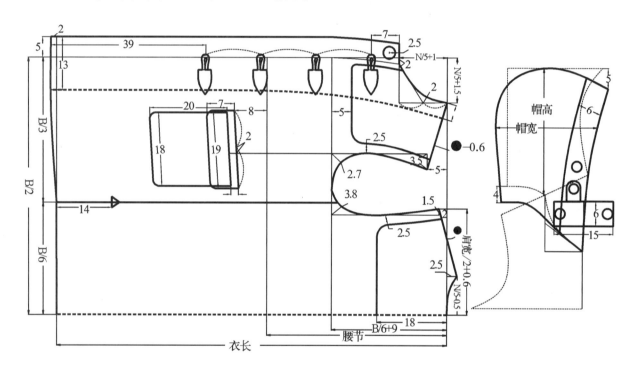

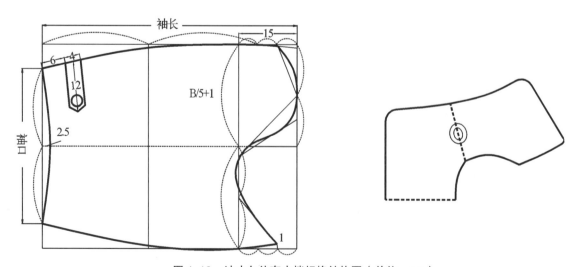

图 4-18　达夫尔外套中档规格结构图（单位：cm）

4. 纸样分解

① 面料衣片缝份。下摆折边 5 cm，袖口折边 5 cm，侧缝缝份 1.5 cm，挂面缝份 1.2 cm，其余缝份均为 1 cm。贴袋及袋盖丝缕对应衣身要求。其他应根据成衣要求进行设计。

② 里料衣片缝份。前后身里料下摆长至面料折边线下 1 cm，前身里料由挂面宽线出 2.5 cm，袖窿出面料袖窿 1 cm，领口出面料领口 0.5 cm。袖身里料于袖山处出 1 cm，袖口至面料折边线出 1 cm。风帽里料在帽口处出帽贴边线 2.5 cm，下口处出 0.5 cm。口袋布按要求及形状进行配置。

③ 辅助材料使用及部位。无纺衬用于下摆折边、袖口折边、袖袢、领袢、大袋盖、前身门里襟，搭袢扣 4 副，纽扣 10 粒。

④ 中档规格纸样绘制。达夫尔外套中档规格面料纸样如图 4-19 所示。

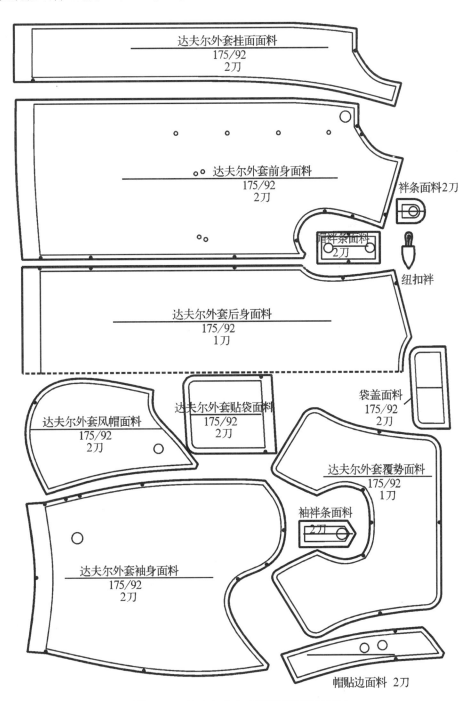

图 4-19 达夫尔外套中档规格面料纸样图

工作外套款式图如图 4-20 所示。

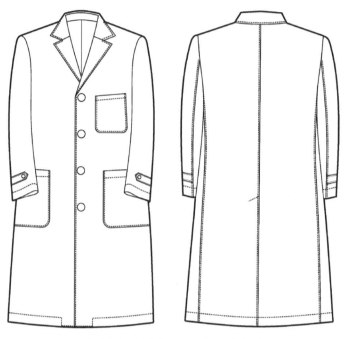

图 4-20　工作外套正、背面款式图

1. 结构与工艺

① 结构特点。类似于男士外套大衣结构样式，三开身结构，腋下收装饰省道至大贴袋袋口内，单排扣、十字领，2 片西服袖，袖肥较一般西服袖肥大，袖山相应较低，袖口装有袖祥不仅起到装饰作用，而且也具有实用功能，可将袖口束紧。前身有 3 个贴袋，两大一小，主要为实用而设计，一般不使用里料。

② 材料与工艺方法。首选全棉材料，如卡其布，斜纹布，平纹帆布等，也可选用棉涤混纺材料，色彩以浅色为主，常见的为白色、部分工作外套也可使用蓝色，主要是根据职业及环境的需要来确定。成衣工艺方法为最简单的缝制工艺完成制作要求。

2. 规格设计

工作外套成衣各部位系列规格见表 4-11，表 4-12。

表 4-11　5·4 系列——工作外套成衣主要部位系列规格表　（单位：cm）

部位	165/84	170/88	175/92	180/96	185/100	档差
衣长（后）	107	110	113	116	119	3
胸围	114	118	122	126	130	4
领围	47	48	49	50	51	1
腰节	44.5	45.5	46.5	47.5	48.5	1
肩宽	48.6	49.8	51	52.2	53.4	1.2
袖长	61	62.5	64	65.5	67	1.5
袖口 /2	16.8	17.4	18	18.6	19.2	0.6

表 4-12　5·4 系列——工作外套成衣次要部位系列规格　　（单位：cm）

部位	165/84	170/88	175/92	180/96	185/100	档差
驳头宽			8			/
翻 / 底领宽			4.5/3			/
翻 / 驳领口宽			3.5/4			/
搭门宽			5			/
小胸袋长 / 宽	13.4/11.4	13.7/11.7	14/12	14.3/12.3	14.6/12.6	0.3
大胸长 / 宽	21/18	21.5/18.5	22/19	22.5/19.5	23/20	0.5
袖口搭袢	11.2/4	11.6/4	12/4	12.3/4	12.6/4	0.3
后衩长 / 宽	49/5	51/5	53/5	55/5	57/5	2
下摆折边			4.5			/

3. 基础结构图绘制

工作外套中档规格结构图如图 4-21 所示。

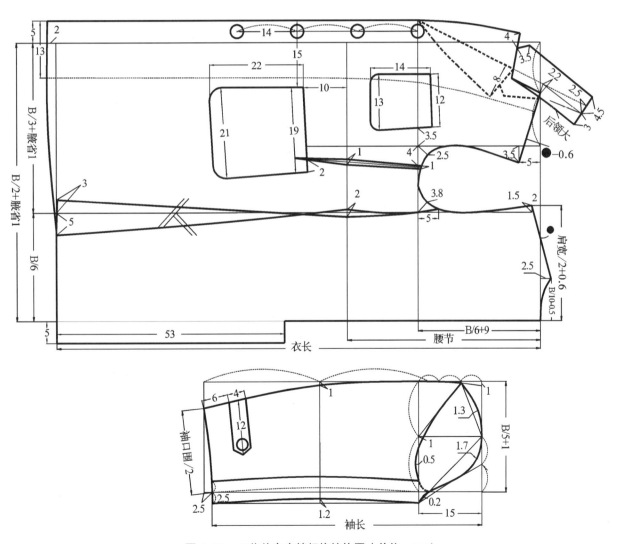

图 4-21　工作外套中档规格结构图（单位：cm）

4. 纸样分解

① 面料衣片缝份。下摆折边 4.5 cm，袖口折边 4.5 cm，挂面缝份 1.2 cm，其余缝份均为 1 cm；贴袋及袋盖丝缕对应衣身要求。其他应根据成衣要求进行设计。

② 辅助材料使用及部位。无纺衬用于下摆折边、袖口折边、袖袢、翻领面、大袋盖、前身门里襟，后衩门襟，6 粒纽扣用于前身门襟及袖袢。

③ 中档规格纸样绘制。工作外套中档规格面料纸样如图 4-22 所示。

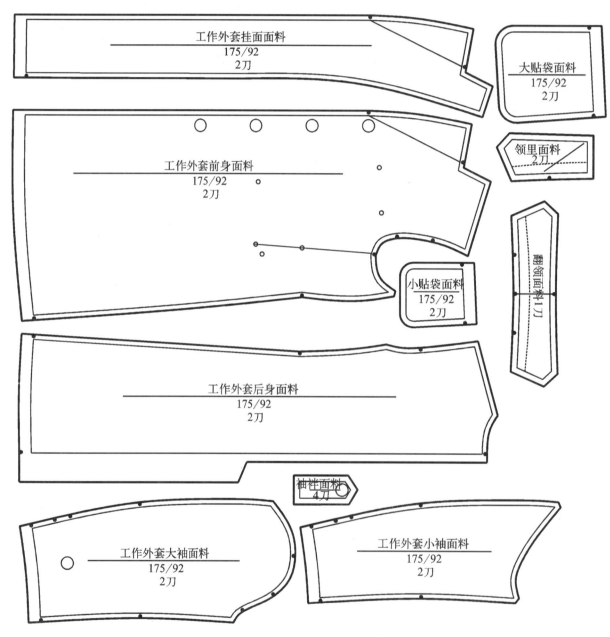

图 4-22　工作外套中档规格面料纸样图

第五章 | 男西服、马甲结构设计与纸样工艺

第一节 西服上装

一、传统型西服

传统型西服款式图及内视图如图 5-1 所示。

（a）正、背面款式图

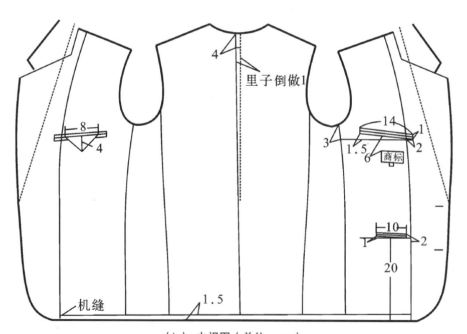

（b）内视图（单位：cm）

图 5-1 传统型西服款式图及内视图

1. 结构与工艺

① 结构特点。西服结构为箱式立体结构造型典范。六分胸围设计（两片前身、两片腋面、两片后身），两片弯身圆袖结构（俗称西服袖），翻驳领结构（俗称西服领），两只有袋盖的开袋和左胸手巾袋，长度在臀围线以下。按廓型可分为 H 型、Y 型、X 型，H 型合体的自然肩型（或方形肩）配合适当的收腰和略大于胸围的下摆；X 型凹形肩或肩端微翘起的翘肩，配合明显的收腰，腰线比实际腰位提高并收紧，下摆略夸张地向外翘出；V 型强调肩宽、背宽而在臀部和衣摆的余量收到最小限度，腰节线与 X 型相反，呈明显的降低状态

② 材料与工艺方法。西服多选用精纺毛料织物制作，条子、格子或素色均可，以沉着稳重的色彩为佳。在非正式场合穿着的一般西装也使用粗纺呢、斜纹棉布、灯芯绒等作面料。西服选材十分广泛，尤其是一些外观新颖的流行面料，更能获得人们欢迎。日常正装其整体结构采用三件套的基本形式，款式风格趋向礼服较严谨，颜色多用深色、深灰色等较稳重含蓄的色调，面料采用高支毛织物。在成衣工艺方法上，采用传统的精做西服工艺同现代工艺结合完成西服造型。

2. 规格设计

传统型西服成衣各部位规格见表 5-1、表 5-2。

表 5-1　5·4 系列——传统型西服成衣主要部位规格表　（单位：cm）

部位	165/84	170/88	175/92	180/96	185/100	档差
衣长（后）	74	76	78	80	82	2
胸围	102	106	110	114	118	4
腰围	92	96	100	104	108	4
腹围	100	104	108	112	116	4
腰节	43.5	44.6	45.5	4.5	47.5	1
肩宽	45.8	47	48.2	49.4	50.6	1.2
袖长	58.5	60	61.5	63	64.5	1.5
袖口 /2	14	14.5	15	15.5	16	0.5

表 5-2　5·4 系列——传统型西服成衣次要部位规格表　（单位：cm）

部位	165/84	170/88	175/92	180/96	185/100	档差
翻领宽			4			/
底领宽			2.5			/
驳头宽			9			/
翻 / 驳 / 领口			3.3/3.5/4.5			/
搭门宽			2.5			/
后衩宽 / 长	5/30	5/31	5/32	5/33	5/34	1
手巾袋长 / 宽	9.7/2.8	10/2.8	10.3/2.8	10.6/2.8	10.9/2.8	0.3
大袋盖长 / 宽	14/5.5	14.5/5.5	15/5.5	15.5/5.5	16/5.5	0.5

3. 基础结构图绘制

传统型西服中档规格结构图如图 5-2~ 图 5-5 所示。

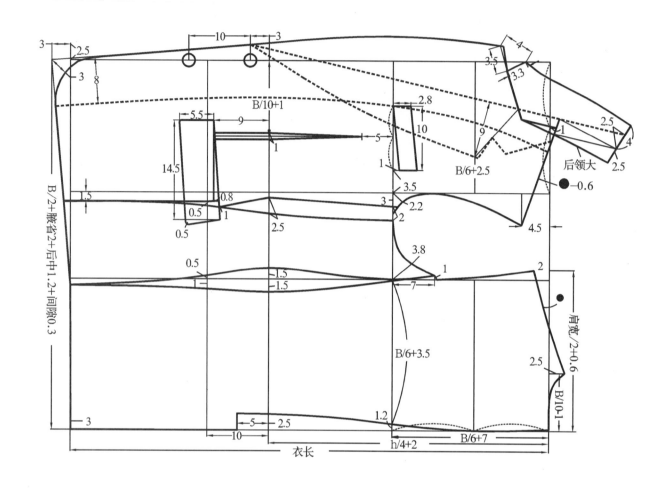

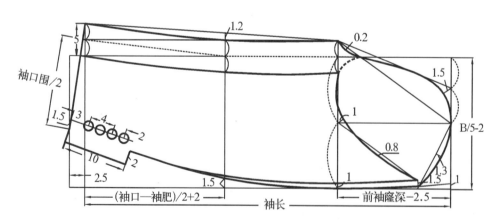

图 5-2　传统型西服中档规格结构图（单位：cm）

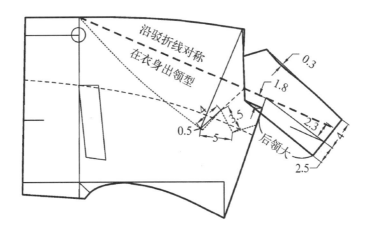

驳领衣身出图要点

1. 领口驳折点＝底领宽2/3，由肩线在领口延长线上截取。

2. 翻领松量＝（翻领宽−底领宽）/2＋基本松量。

3. 基本松量＝薄料1～1.2 cm，

　　　　　　　中料1.5～1.8 cm，

　　　　　　　厚料2～2.5 cm。

4. 翻领后中线距领口驳折点距离＝后横开领+1 cm。

5. 保持规格数据，修正翻领形状。

图5-3　传统型西服翻驳领结构图（单位：cm）

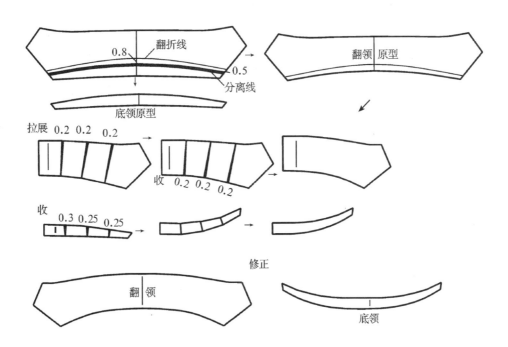

图5-4　传统型西服翻领分底领结构处理图（单位：cm）

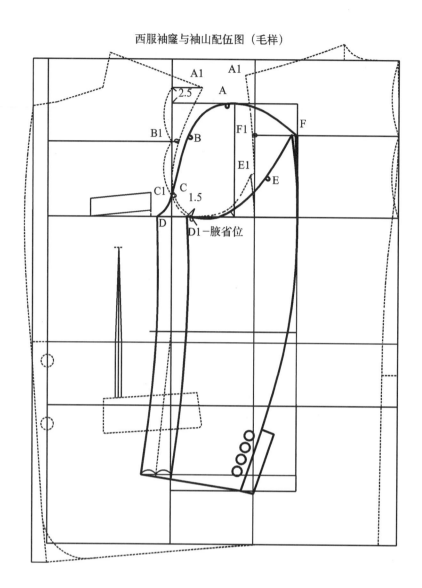

西服袖窿与袖山配伍图（毛样）

袖山吃势：男装（4~5）　　　袖山点：A、B、C、D、E、F
　　　　　女装（3~4）　　　袖窿点：A1、B1、C1、D1、E1、F1

A点为袖山中点前移1cm（前落肩小于后落肩，后移1cm，前肩大于后落肩，不变化）
C点为大袖前袖成型线与袖山交点，C点与袖肥线距离＝C1点到胸围线距离
B1点为A1C1的1/2
F1点为后窿深的1/2
D1点为腋省位
E1点为刀背与后身拼合点
其他各点如图所示

AB=A1B1+（男1.5~2cm，女1~1.5cm）
BC=B1C1+0.8~1cm
AF=A1F1+（男1~1.2cm，女0.8~1cm）
FE=F1E1+0.5cm

注：袖窿净缝长＝袖窿毛缝长+（2.5~3cm）
　　袖山弧线净缝长≈袖山弧线毛缝长
　　净缝制图时，保证袖山弧线净缝长=袖窿净缝长+1~2cm

图5-5　传统型西服袖窿与袖山配伍图（单位：cm）

4. 纸样分解

① 面料衣片缝份。前身门襟及领口处缝份 1.5 cm，下摆折边 4 cm，后中缝缝份 1.5 cm，挂面领口缝份 2 cm，驳口门襟处 2 cm，其余 1.5 cm。翻领面缝份 1.5 cm，翻领里为全净样。手巾袋与大袋盖丝缕对应衣身要求。其他应根据成衣要求进行设计。

② 里料衣片缝份。根据面料毛样板绘制里料样板，与宽度部位相缝合处均比面料样板大出 0.2 cm，挂面处出 2.5 cm，前后身里料下摆与袖身里料袖口长度分别至面料样板的折边处出 1 cm（达到面里下摆折边相距 1 cm 的要求），前身里门襟处长出面料折边 1.5 cm（里料胸部的吃势），冲肩省 2 cm 由肩端点处放出并画顺；后领处出 0.5 cm，袖山弧线出 1 cm，袖窿处出 1，后背坐缝 1 cm 画至腰节线，腰节线以下为 0.2 cm。可根据服装内视图要求进行缝份加放处理，口袋布按要求及形状进行配置，如图 5-7、图 5-8 所示。

③ 辅助材料使用及部位。传统型西服辅助材料众多，包括有纺衬、无纺衬、黑炭衬、针刺棉、双面胶、纱带、牵条、领底绒、T/C 袋布等，具体运用如下：

有纺衬：前身、挂面、翻领面/里、刀背处、后衩门襟、下摆折边等。

无纺衬：手巾袋牙、大袋盖/嵌、里袋开袋、里袋嵌、里卡袋开袋、里卡袋嵌。

树脂衬：手巾袋袋牙。

牵条：门里襟止口、驳头、领堂、袖窿。

T/C 袋布：手巾袋布、大袋布、里袋布、小卡袋布。

领里绒：翻领里（斜丝缕）。

黑炭衬：大胸衬（前身腰线以上——驳头线内的形状），盖肩衬（领口向下 12 cm，袖窿向下 8 cm 的形状）。

针刺棉衬，比大胸衬一周大 1.5 cm 左右，袖山衬条为黑炭衬与针刺棉衬条，长 40 cm，宽 5cm，如图 5-9、图 5-10 所示。

④ 中档规格纸样绘制。传统型西服面料纸样如图 5-6 所示；里料纸样配置如图 5-7，里料纸样如图 5-8 所示；辅料纸样配置如图 5-9，辅料纸样如图 5-10 所示。

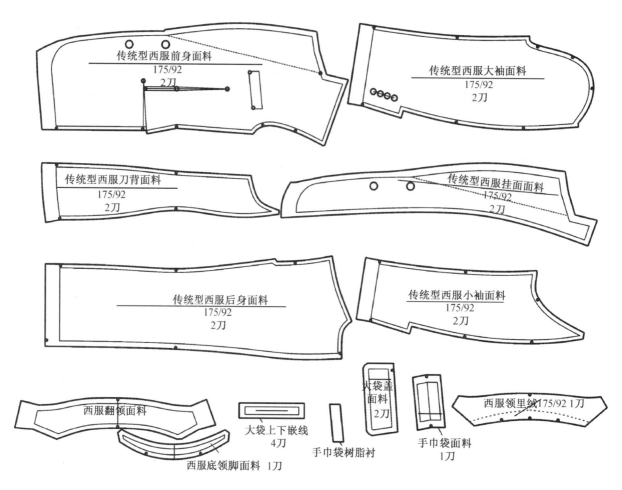

传统型西服前身面料
175/92
2刀

传统型西服大袖面料
175/92
2刀

传统型西服刀背面料
175/92
2刀

传统型西服挂面面料
175/92
2刀

传统型西服后身面料
175/92
2刀

传统型西服小袖面料
175/92
2刀

西服翻领面料

大袋上下嵌线
4刀

大袋盖
面料
2刀

西服领里线175/92 1刀

西服底领脚面料 1刀

手巾袋树脂衬

手巾袋面料
1刀

图 5-6　传统型西服中档规格面料纸样图

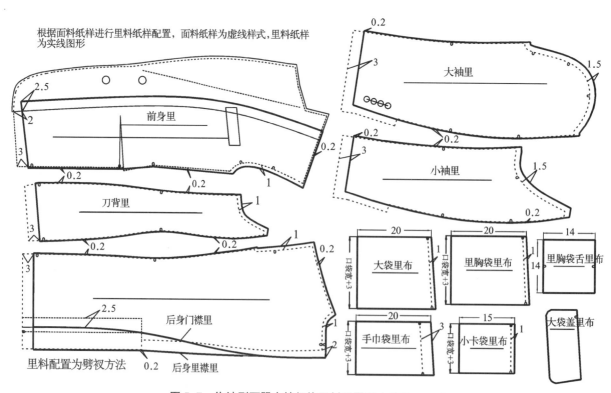

根据面料纸样进行里料纸样配置，面料纸样为虚线样式，里料纸样
为实线图形

0.2

大袖里

3

1.5

2.5

2

前身里

3

0.2

0.2

0.2

小袖里

3

1.5

0.2

0.2

刀背里

3

1

0.2

1

0.2

20

大袋里布

口袋宽+3

1

20

里胸袋里布

里袋宽+3

1

14

里胸袋舌里布

14

3

后身门襟里

2.5

20

手巾袋里布

口袋宽+3

3

15

小卡袋里布

里袋宽+3

1

大袋盖里布

里料配置为劈叉方法

0.2

后身里襟里

1

2

图 5-7　传统型西服中档规格里料配置图（单位：cm）

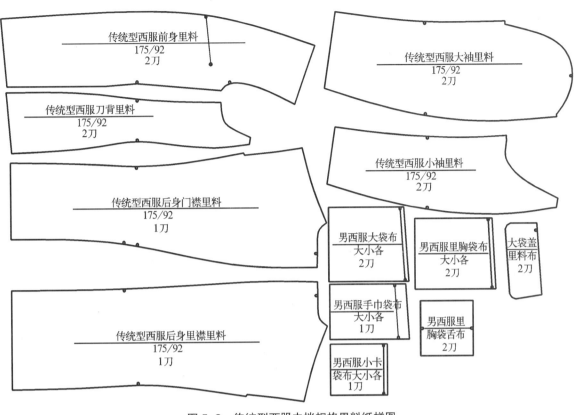

图 5-8　传统型西服中档规格里料纸样图

根据面料纸样进行衬料纸样配置，面料纸样为虚线样式，实线为衬料图形。

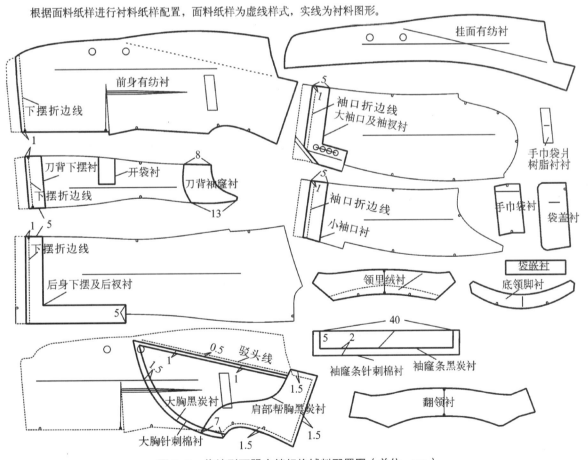

图 5-9　传统型西服中档规格辅料配置图（单位：cm）

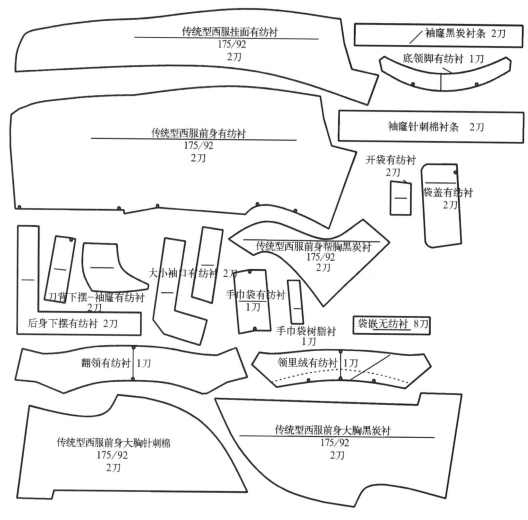

图 5-10 传统型西服中档规格辅料纸样图

工艺纸样如图 5-11 所示。

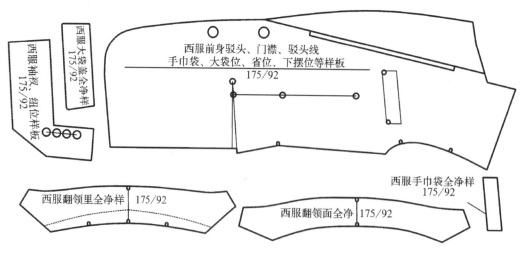

图 5-11 传统型西服中档规格工艺纸样图

5. 推档放缩

面料推档放缩——点放码图如图 5-12 所示，面料缩放——网状图如图 5-13 所示。

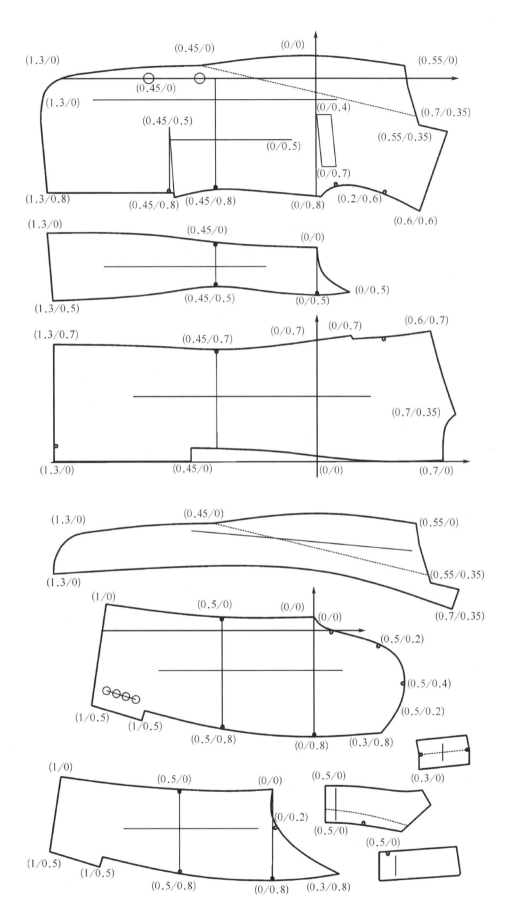

图 5-12　传统型西服中档规格衣袖面料纸样点放码图（单位：cm）

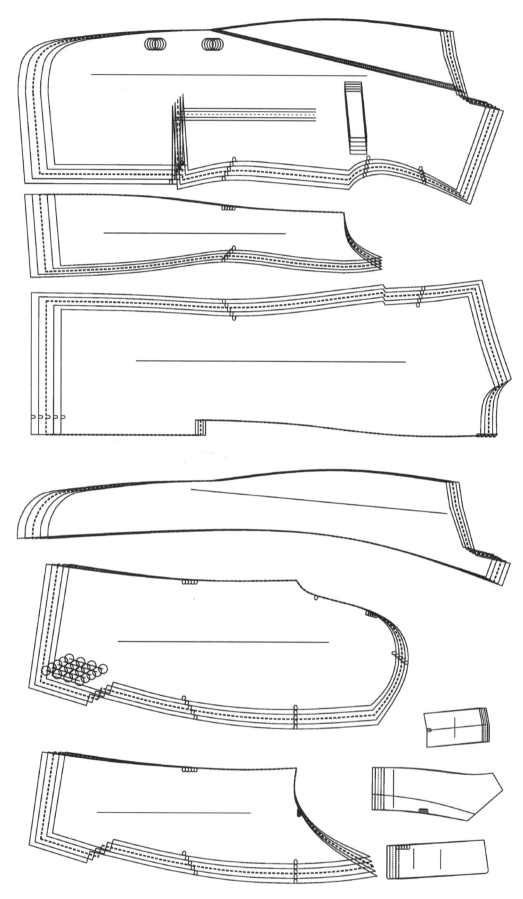

图 5-13　传统型西服中档规格衣袖面料纸样点放码网状图

二、运动型西服

运动型西服款式图如图 5-14 所示。

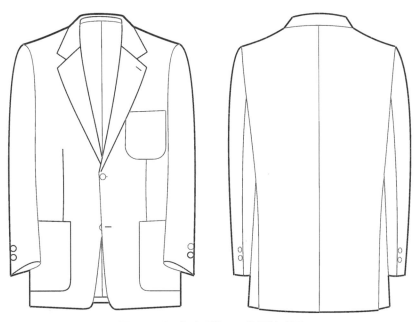

图 5-14 运动型西服正、背面款式图

1. 结构与工艺

① 结构特点。整体上采用单排 2 粒扣，十字领，三开身结构。前身设三个贴袋，宽肩、松身、长袖是运动型西服的设计要求。

② 材料与工艺方法。运动型西服颜色多用深蓝色、色彩鲜艳、纯度较高，配浅色细条格裤子，面料采用松疏的毛织物，也常用条格面料；纽扣多用金属扣，袖口装饰 2 粒扣为准，明贴袋，缉明线是运动型西服的工艺特点。运动西服一般左胸贴袋上绣不同标志的徽章来体现某个团队，代表专业性制服。

2. 规格设计

运动型西服成衣各部位规格见表 5-3、表 5-4。

表 5-3　5·4 系列——运动型西服成衣主要部位规格表　　　　（单位：cm）

部位	165/84	170/88	175/92	180/96	185/100	档差
衣长（后）	76	78	80	82	84	2
胸围	104	108	112	116	120	4
腰围	96	100	104	108	112	4
腹围	102	106	110	114	118	4
腰节	43.5	44.5	45.5	46.5	47.5	1
肩宽	46.6	47.8	49	50.2	51.4	1.2
袖长	59	60.5	62	63.5	65	1.5
袖口 /2	14.5	15	15.5	16	16.5	0.5

表 5-4　5·4 系列——运动型西服服成衣次要部位规格表　（单位：cm）

部位	165/84	170/88	175/92	180/96	185/100	档差
翻领宽			4			/
底领宽			2.5			/
驳头宽			8.5			/
翻/驳/领口			3.3/3.5/4.5			/
搭门宽			2.5			/
小袋长/宽	11.4/10.4	11.7/10.7	12/11	12.3/11.3	12.6/11.6	0.3
大袋长/宽	18/15	18.5/15.5	19/16	19.5/16.5	20/17	0.5

3. 基础结构图绘制

运动型西服中档规格结构图如图 5-15 所示。

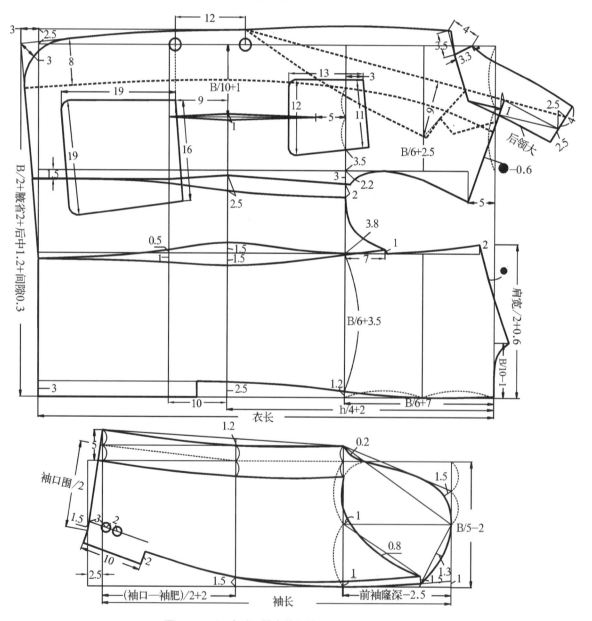

图 5-15　运动型西服中档规格结构图（单位：cm）

4. 纸样分解

① 面料衣片缝份。前身门襟及领口处缝份 1.5 cm，下摆折边 4 cm，后中缝缝份 1.5 cm，挂面领口缝份 2 cm，驳口门襟处 2 cm 其余 1.5 cm。翻领面缝份 1.5 cm，翻领里为全净样。上胸贴袋与下胸贴袋丝缕对应衣身要求。其他应根据成衣要求进行设计。

② 里料衣片缝份。根据面料毛样板绘制里料样板，与宽度部位相缝合处均比面料样板大出 0.2 cm，挂面处出 2.5 cm，前后身里料下摆与袖身里料袖口长度分别至面料样板的折边处出 1 cm（达到面里下摆折边相距 1 cm 的要求），前身里门襟处长出面料折边 1.5 cm（里料胸部的吃势），冲肩省 2 cm 由肩端点处放出并画顺，后领处出 0.5 cm，袖山弧线出 1 cm，袖窿处出 1 cm，后背坐缝 1 cm 至腰节线，腰节线以下为 0.2 cm。其他可根据服装内部结构要求进行缝份加放处理，口袋布按要求及形状进行配置。

③ 辅助材料使用及部位。有纺衬（前身、挂面、领面/里、后身衩），无纺衬（手巾袋、里袋开袋/袋嵌），牵条衬（门里襟止口、驳头、后领堂、袖窿），其他（领里绒、T/C 袋布），里料（前身、后身、领面、袖身），纽扣（大扣 3 粒，用于前身门里襟；小扣 4 粒，用于左右袖口各 2 粒）。

④ 中档规格纸样绘制。运动型西服中档规格面料纸样如图 5-16 所示。

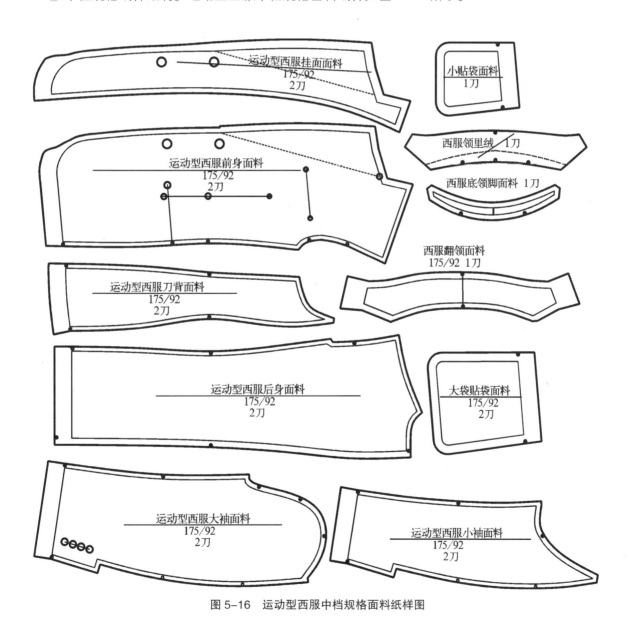

图 5-16　运动型西服中档规格面料纸样图

三、休闲型西服

休闲型西服款式图如图5-17所示。

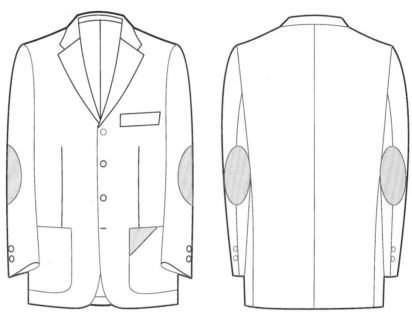

图5-17 休闲型西服正、背面款式图

1. 结构与工艺

① 结构特点。整体结构同运动西服类似，三开身结构，一般为单排扣，十字领，圆下摆，门襟纽扣数量选择较自由，一般在3粒扣以上。前身同正装西服一样有3个口袋，样式设计自由，可用贴袋或挖袋。宽肩，松身，长袖，局部可做一些体现某种生活趣味的装饰，如在翻领、贴袋、开袋袋盖的整体或部分装饰其他材料，将前身某处做分割，用其他材料进行镶拼，袖肘处用贴布装饰等等。

② 材料与工艺方法。休闲型西服同运动型西服的区别主要体现于材料的使用上，较常使用色彩素雅柔和的面料，如条格花呢、粗花呢、灯芯绒、棉麻织物等。一般采用简做西服工艺。

2. 规格设计

休闲型西服成衣各部位规格见表5-5、表5-6。

表5-5　5·4系列——休闲型西服成衣主要部位规格表　　　（单位：cm）

部位	165/84	170/88	175/92	180/96	185/100	档差
衣长（后）	76	78	80	82	84	2
胸围	105	109	113	117	121	4
腰围	97	101	105	109	113	4
腹围	103	107	111	115	119	4
腰节	43.5	44.5	45.5	46.5	47.5	1
肩宽	47.1	48.3	49.5	50.7	51.9	1.2
袖长	59.5	61	62.5	64	64.5	1.5
袖口围/2	15	15.5	16	16.5	17	0.5

表 5-6 5·4 系列——休闲型西服成衣次要部位规格表 （单位：cm）

部位	165/84	170/88	175/92	180/96	185/100	档差
翻领宽			4			/
底领宽			2.5			/
驳头宽			8.5			/
翻/驳/领口			3.3/3.5/4.5			/
搭门宽			2.5			/
大袋长/宽	18/15	18.5/15.5	19/16	19.5/16.5	20/17	0.5

3. 基础结构图绘制

休闲型西服中档规格结构图如图 5-18 所示。

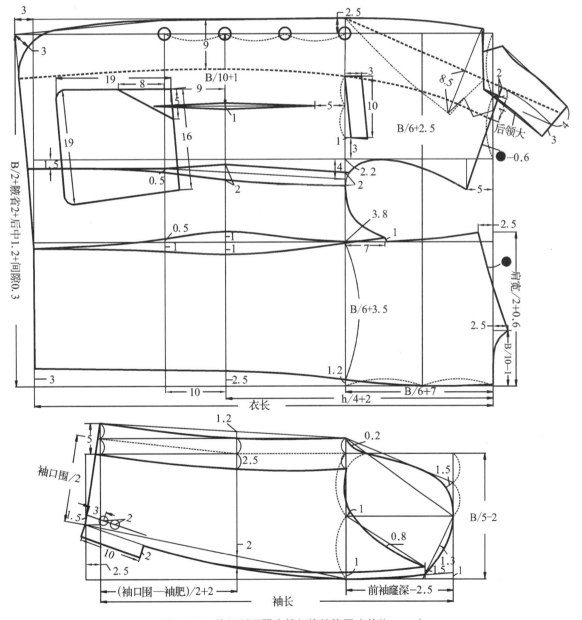

图 5-18 休闲型西服中档规格结构图（单位：cm）

4. 纸样分解

① 面里料衣片缝份。ⓐ面料衣片缝份。前身门襟及领口处缝份 1.5 cm，下摆折边 4 cm，后中缝缝份 1.5 cm，挂面领口缝份 2 cm，驳口门襟处 2 cm，其余 1.5 cm，翻领面缝份 1.5 cm，翻领里为全净样。上胸贴袋与下胸贴袋丝缕对应衣身要求。其他应根据成衣要求进行设计。ⓑ里料衣片缝份。根据面料毛样板绘制里料样板，与宽度部位相缝合处均比面料样板大出 0.2 cm，挂面处出 2.5 cm，前后身里料下摆与袖身里料袖口长度分别至面料样板的折边处出 1 cm（达到里面里下摆折边相距 1 cm 的要求），前身里门襟处长出面料折边 1.5 cm（里料胸部的吃势），冲肩省 2 cm 由肩端点处放出并画顺，后领处出 0.5 cm，袖山弧线出 1 cm，袖窿处出 1 cm，后背坐缝 1 cm 至腰节线，腰节线以下为 0.2 cm。其他可根据服装内部结构要求进行缝份加放处理，口袋布按要求及形状进行配置。

② 辅助材料使用及部位。有纺衬（前身、挂面、领面/里、后身衩），无纺衬（手巾袋、里袋开袋/袋嵌），牵条衬（门里襟止口、驳头、后领堂、袖窿），其他（领底绒、T/C 袋布），里料（前身、后身、领面、袖身），纽扣（大扣 3 粒，用于前身门里襟；小扣 4 粒，用于左右袖口各 2 粒）。

③ 中档规格纸样绘制。休闲型西服中档规格面料纸样如图 5-19 所示。

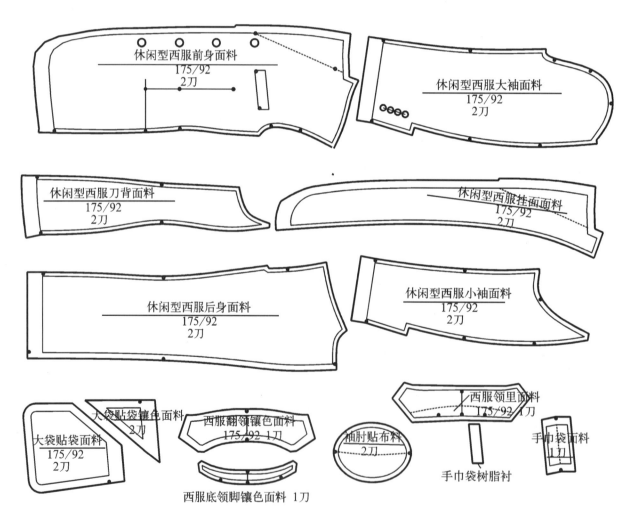

图 5-19　休闲型西服中档规格面料纸样图

前卫型西服款式图如图 5-20 所示。

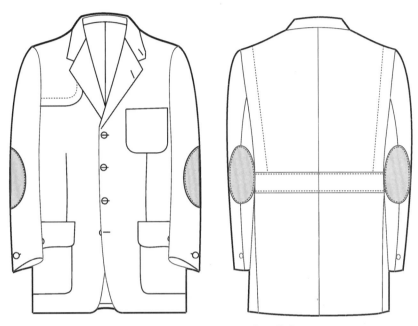

图 5-20　前卫型西服正、背面款式图

1. 结构与工艺

① 结构特点。整体结构与休闲西服相似，由于应用范围主要在户外或某种专业性的活动，因此在三开身的结构基础上又增加了一些实用性功能设计。右肩为架枪需要，以增加耐劳度而设计的肩盖布（披肩），前襟两侧设有袋盖的明贴袋，可在中间做活褶以增加口袋容量。后身分割及后肩至腰部于袖窿处设活褶，以改善上臂前屈和大幅度运动所需空间。

② 材料与工艺方法。休闲型西服基本造型和运动西服相仿，从面料到款式，从色彩到搭配完全可以根据自我要求进行设计，无太多的限制，用料与选材更为广泛。一般使用简做西服工艺方法。

2. 规格设计

前卫型西服成衣各部位规格见表 5-7、表 5-8。

表 5-7　5·4 系列——前卫型西服成衣主要部位规格表　　　（单位：cm）

部位	165/84	170/88	175/92	180/96	185/100	档差
衣长（后）	78	80	82	84	86	2
胸围	106	110	114	118	122	4
腰围	98	102	106	110	114	4
腹围	104	108	112	116	120	4
腰节	44.5	45.5	46.5	47.5	48.5	1
肩宽	47.6	48.8	50	51.2	52.4	1.2
袖长	60	61.5	63	64.5	66	1.5
袖口围 /2	15	15.5	16	16.5	17	0.5

表 5-8　5·4 系列——前卫型西服成衣次要部位规格表 （单位：cm）

部位	165/84	170/88	175/92	180/96	185/100	档差
翻领宽			4			/
底领宽			2.5			/
驳头宽			7.5			/
翻/驳/领口			3.5/4/5			/
搭门宽			2.5			/
小贴袋长/宽	12.4/10.4	12.7/10.7	13/11	13.3/11.3	13.6/11.6	0.3
大贴袋长/宽	18/15	18.5/15.5	19/16	19.5/16.5	20/17	0.5
大袋盖长/宽	16/7	16.5/7	17/7	17.5/7	18/7	0.5

3. 基础结构图绘制

前卫型西服中档规格结构图如图 5-21 所示。

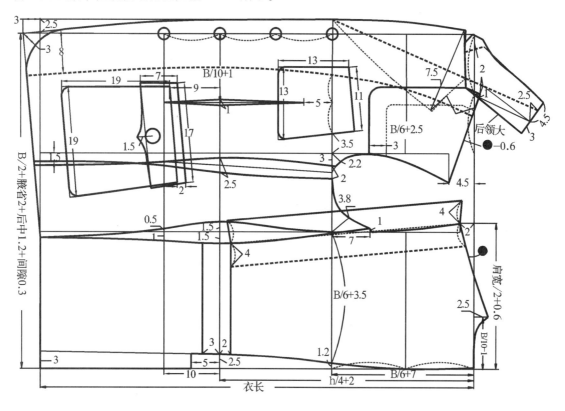

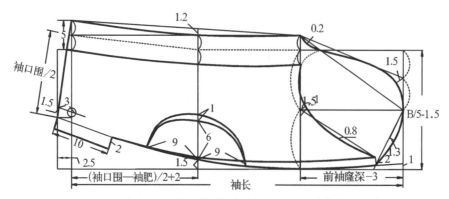

图 5-21　前卫型西服中档规格结构图（单位：cm）

4. 纸样分解

① 面料衣片缝份。前身门襟及领口处缝份 1.5 cm，下摆折边 4 cm，后中缝缝份 1.5 cm，挂面领口缝份 2 cm，驳口门襟处 2 cm，其余 1.5 cm；翻领面缝份 1.5 cm；上胸贴袋与下胸贴袋丝缕对应衣身要求。其他应根据成衣要求进行设计。

② 里料衣片缝份。根据面料毛样板绘制里料样板，与宽度部位相缝合处均比面料样板大出 0.2 cm，挂面处出 2.5 cm，前后身里料下摆与袖身里料袖口长度分别至面料样板的折边处出 1 cm（达到面里下摆折边相距 1 cm 的要求），前身里门襟处长出面料折边 1.5 cm（里料胸部的吃势），冲肩省 2 cm 由肩端点处放出并画顺；后领处出 0.5 cm，袖山弧线出 1 cm，袖窿处出 1 cm，后背坐缝 1 cm，划至腰节线，腰节线以下为 0.2 cm。其他可根据服装内部结构要求进行缝份加放处理，口袋布按要求及形状进行配置。

③ 辅助材料使用及部位。有纺衬（前身、挂面、领面/里、后身衩），无纺衬（手巾袋、里袋开袋/袋嵌），牵条衬（门里襟止口、驳头、后领堂、袖窿），其他（T/C 袋布）。里料（前身、后身、袖身），纽扣（大扣 5 粒，用于前身里襟 3 粒和大袋盖 2 粒；小扣 2 粒，用于左右袖口各 1 粒）。

④ 中档规格纸样绘制。前卫型西服中档规格面料纸样如图 5-22 所示。

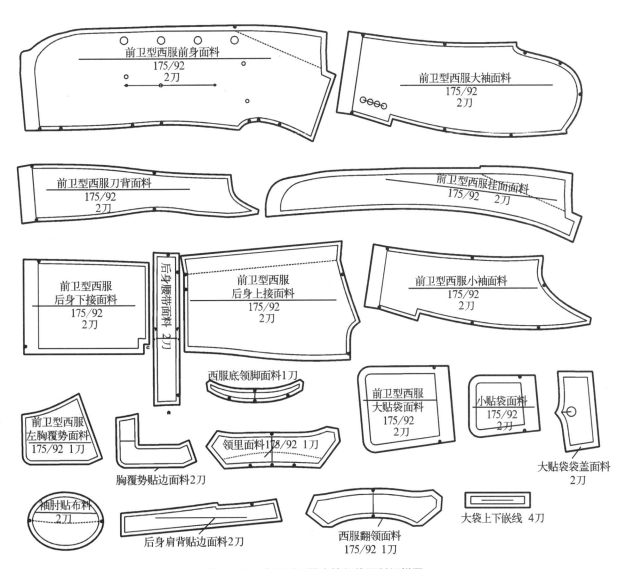

图 5-22　前卫型西服中档规格面料纸样图

第二节 马 甲

一、礼服型马甲

礼服型马甲款式有燕尾服背心和晨礼服背心等。燕尾服背心款式图如图 5-23 所示，晨礼服背心款式图如图 5-24 所示。

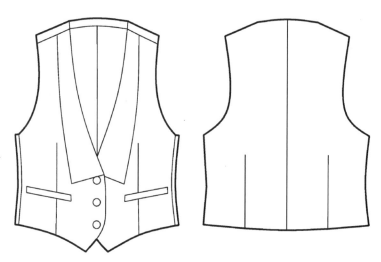

图 5-23 燕尾服背心正、背面款式图

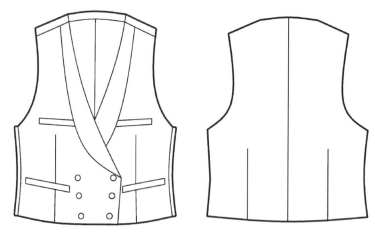

图 5-24 晨礼服背心正、背面款式图

1. 结构与工艺

① 结构特点。胸围松量一般在 10 cm 内，肩宽为礼服肩宽的 3/4，一般为 35～40 cm；长为腰节下 8～10 cm，前长后短，两侧开衩，后身设有腰省，可用腰带收紧。

② 材料与工艺方法。前身用同礼服相同材料，后身用同礼服里料相同的材料。精做男士背心工艺。

2. 规格设计

① 燕尾服背心成衣各部位规格见表5-9、表5-10。

表5-9　5·4系列——燕尾服背心成衣主要部位规格表　　　（单位：cm）

部位	165/84	170/88	175/92	180/96	185/100	档差
衣长（后）	61	52.5	54	55.5	57	1.5
胸围	96	100	104	108	112	4
腰围	90	94	98	102	106	4
腹围	96	100	104	108	112	4
肩宽	35.5	36.8	38	39.2	40.4	1.2

表5-10　5·4系列——燕尾服背心成衣次要部位规格表　　　（单位：cm）

部位	165/84	170/88	175/92	180/96	185/100	档差
驳头宽			7			/
搭门宽			2.5			
下摆折边			4			
口袋长/宽	13.4/1.5	13.7/1.5	14/1.5	14.3/1.5	14.6/1.5	0.3

② 晨礼服背心成衣各部位规格见表5-11、表5-12。

表5-11　5·4系列——晨礼服背心成衣主要部位规格表　　　（单位：cm）

部位	165/84	170/88	175/92	180/96	185/100	档差
衣长（后）	61	52.5	54	55.5	57	1.5
胸围	96	100	104	108	112	4
腰围	90	94	98	102	106	4
腹围	96	100	104	108	112	4
肩宽	35.5	36.8	38	39.2	40.4	1.2

表5-12　5·4系列——晨礼服背心成衣次要部位规格表　　　（单位：cm）

部位	165/84	170/88	175/92	180/96	185/100	档差
驳头宽			6.5			/
搭门宽			7			/
下摆折边			4			/
上袋长/宽	9.4/1.4	9.7/1.5	10/1.5	10.3/1.5	10.6/1.5	0.3
下袋长/宽	13.4/1.5	13.7/1.5	14/1.5	14.3/1.5	14.6/1.5	0.3

3. 基础结构图绘制

燕尾服背心中档规格结构图如图 5-25 所示，晨礼服背心中档规格结构图如图 5-26 所示。

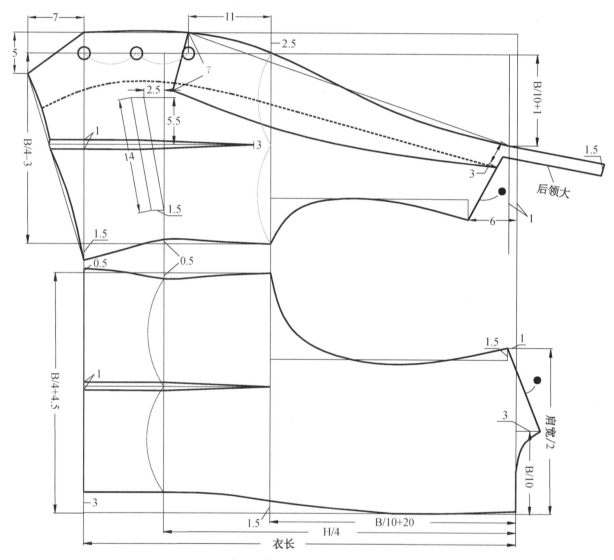

图 5-25　燕尾服背心中档规格结构图（单位：cm）

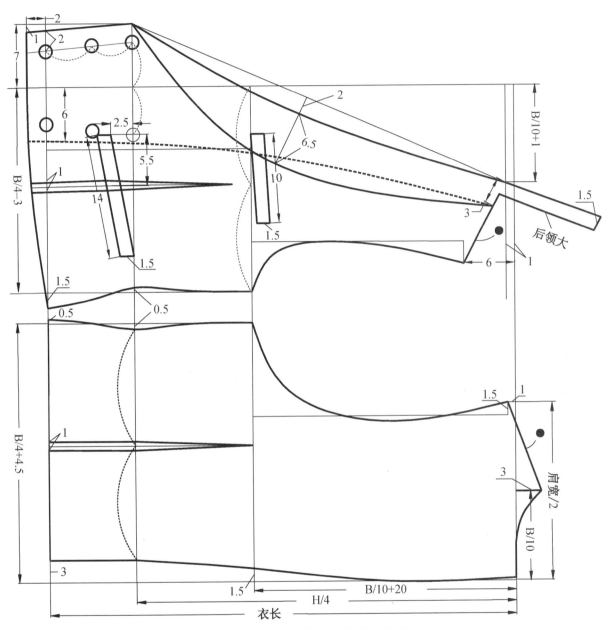

图 5-26 晨礼服背心中档规格结构图（单位：cm）

4. 纸样分解

① 面料衣片缝份。前身门襟及领口处缝份 1.3 cm，下摆折边 4 cm，翻领面缝份 1.5 cm，其他应根据成衣要求进行设计。

② 里料衣片缝份。前身里料挂面处出 2.5 cm，下摆至面料样板的折边处出 1 cm（达到面里下摆折边相距 1 cm 的要求），前身里门襟处长出面料折边 1 cm（里料胸部的吃势），其余大出面料 0.2 cm；后身面里均使用里料，后中缝缝份 1.5 cm，下摆折边 2.5 cm，其余 1 cm。口袋布按要求及形状进行配置。

③ 辅助材料使用及部位。有纺衬（前身、挂面、领面），无纺衬（袋嵌），牵条衬（门里襟、驳头、后领堂、袖窿），其他（T/C 袋布）。里料（前身、后身），纽扣（燕尾服背心 3 粒，晨礼服背心 6 粒）。

④ 中档规格纸样绘制。燕尾服背心中档规格面料纸样如图 5-27 所示，晨礼服背心中档规格面料纸样如图 5-28 所示。

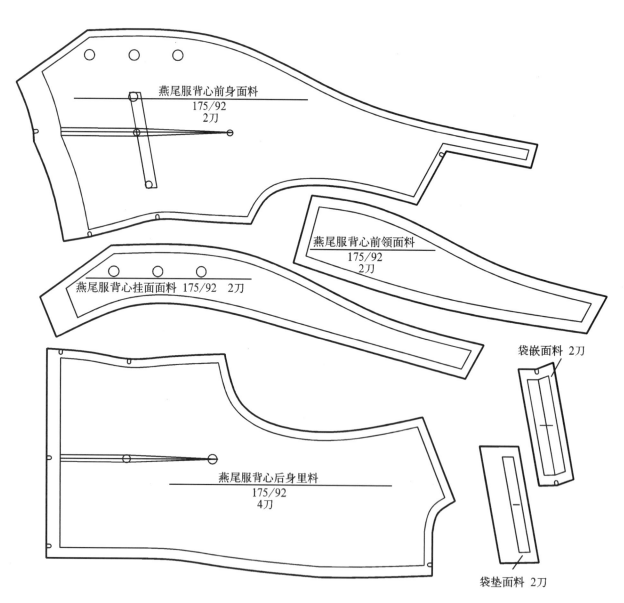

图 5-27　燕尾服背心中档规格面料纸样图

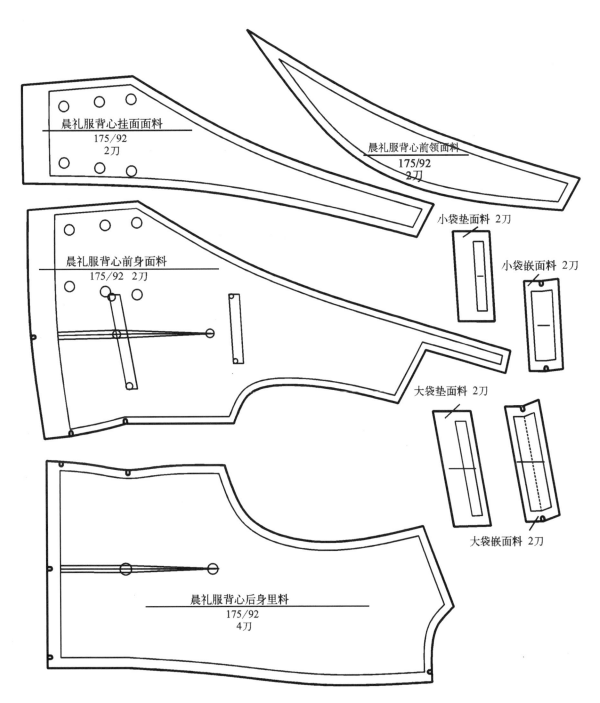

晨礼服背心挂面面料
175/92
2刀

晨礼服背心前领面料
175/92
2刀

小袋垫面料 2刀

小袋嵌面料 2刀

晨礼服背心前身面料
175/92 2刀

大袋垫面料 2刀

大袋嵌面料 2刀

晨礼服背心后身里料
175/92
4刀

图 5-28　晨礼服背心中档规格面料纸样图

运动休闲型马甲款式图如图 5-29 所示。

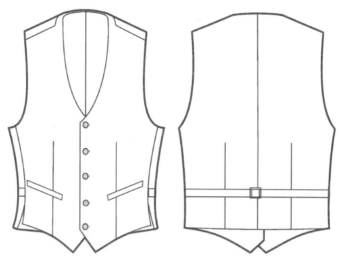

图 5-29　运动休闲型马甲正、背面款式图

1. 结构与工艺

① 结构特点。一般为收缩结构，即围度加放较小。采用四分结构，前身围度分配比后身小，前后身均设计装饰腰腹省，V 型开领，长度在腰线下 10 cm，以遮盖男性裤腰带。袖窿开深，肩宽约为西服肩宽的 3/4，小肩宽为 10～12 cm，单排 3 粒或 5 粒纽扣，左右身各 2 只单嵌线口袋。

② 材料与工艺方法。一般采用同外套相同的面料而构成三件套装，单独穿着时也可选用其他材质面料。使用精做男士背心工艺。

2. 规格设计

运动休闲型马甲成衣各部位规格见表 5-13、表 5-14。

表 5-13　5·4 系列——运动休闲型马甲成衣主要部位规格表　　（单位：cm）

部位	165/84	170/88	175/92	180/96	185/100	档差
衣长（后）	61	52.5	54	55.5	57	1.5
胸围	96	100	104	108	112	4
腰围	90	94	98	102	106	4
腹围	96	100	104	108	112	4
肩宽	35.5	36.8	38	39.2	40.4	1.2

表 5-14　5·4 系列——运动休闲型马甲成衣次要部位规格表　　（单位：cm）

部位	165/84	170/88	175/92	180/96	185/100	档差
搭门宽			2.5			/
下摆折边			4			
下袋长／宽	13.4/1.5	13.7/1.5	14/1.5	14.3/1.5	14.6/1.5	0.3
腰带长／宽	51/2.5	52/2.5	53/2.5	54/2.5	55/2.5	1

3. 基础结构图绘制

运动休闲型马甲中档规格结构图如图5-30所示。

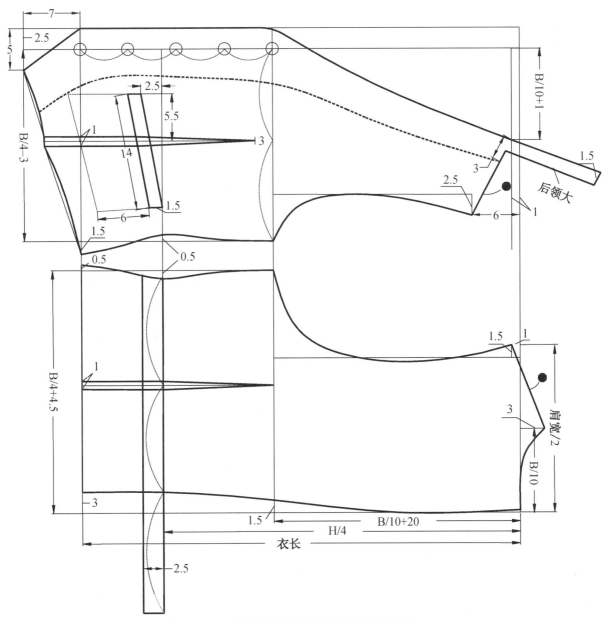

图5-30　运动休闲型马甲中档规格结构图（单位：cm）

4. 纸样分解

① 面料衣片缝份。前身门襟及领口处缝份1.3 cm，下摆折边4 cm，其他应根据成衣要求进行设计。

② 里料衣片缝份。前身里料挂面处出2.5 cm，下摆至面料样板的折边处出1 cm（达到面里下摆折边相距1 cm的要求），前身里门襟处长出面料折边1 cm（里料胸部的吃势），其余大出面料0.2 cm；后身面里均使用里料，后中缝缝份1.5 cm，下摆折边2.5 cm，其余1 cm。口袋布按要求及形状进行配置。

③ 辅助材料使用及部位。有纺衬（前身、挂面、领面），无纺衬（袋嵌），牵条衬（门里襟、驳头、后领堂、袖窿），其他（T/C 袋布）。里料（前身、后身），纽扣 5 粒，日字扣 1 付。

④ 中档规格纸样绘制。运动休闲型马甲中档规格面料纸样如图 5-31 所示。

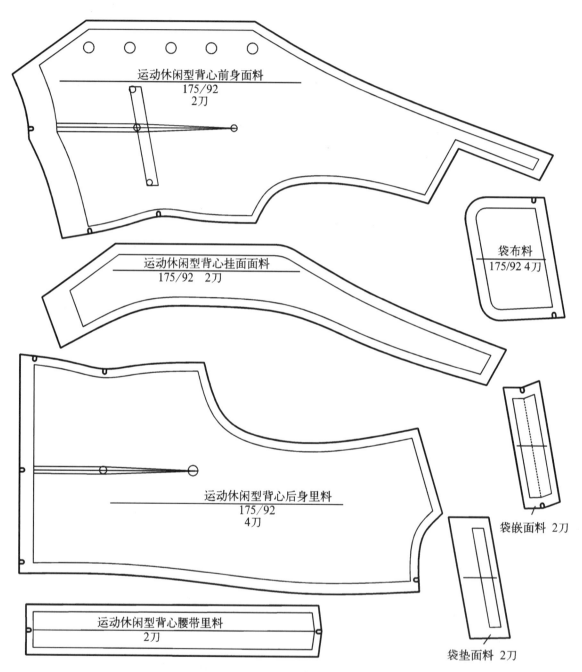

运动休闲型背心前身面料
175/92
2刀

运动休闲型背心挂面面料
175/92 2刀

袋布料
175/92 4刀

运动休闲型背心后身里料
175/92
4刀

袋嵌面料 2刀

运动休闲型背心腰带里料
2刀

袋垫面料 2刀

图 5-31　运动休闲型马甲中档规格面料纸样图

三、职业专用型马甲

职业专用型马甲如记者背心，款式图如图5-32所示。

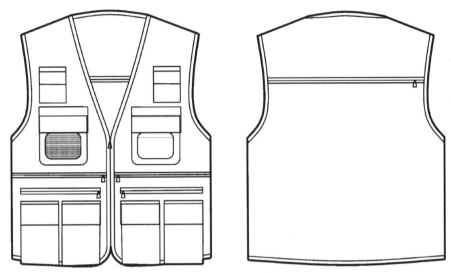

图 5-32　记者背心正、背面款式图

1. 结构与工艺

① 结构特点。总体结构作放量处理，即围度与长度比一般背心宽和长。后身结构分为上下两个部分，用拉链连接，内外相仿，内部分割提高 6 cm，成为里外两个大通袋，用以装雨具和不宜折叠资料。前身各 6 个口袋，中间有通袋将前身分为上下两个部分，最下边采用相同的箱式贴袋（立体口袋），最上边小贴袋也采用箱式结构，胸袋为明贴袋结构左身用网状材料，用以存放特殊物品，右身贴袋用透明材料，用以存放证件之用。前身里面左右均有 3 个简易贴袋，前门襟用拉链闭合。上端使用搭袢，止口滚边工艺。

② 材料与工艺方法。使用较结实的材料。一般为全棉织物，并着防水处理，简做工艺，特色是止口的滚边工艺，适合现代成衣化方式生产。

2. 规格设计

记者背心成衣各部位规格见表 5-15、表 5-16。

表 5-15　5·4 系列——记者背心成衣主要部位规格表　　　　　　（单位：cm）

部位	165/84	170/88	175/92	180/96	185/100	档差
衣长（后）	55	56.5	58	59.5	61	1.5
胸围	104	108	112	116	120	4
腰围	104	108	112	116	120	4
腹围	104	108	112	116	120	4
肩宽	43.6	44.8	46	47.2	48.4	1.2

表 5-16　5·4 系列——记者背心成衣次要部位规格表　　　（单位：cm）

部位	165/84	170/88	175/92	180/96	185/100	档差
门襟拉链	31.6	32.3	33	33.7	34.4	0.7
上袋长/宽			8/7			/
上袋盖长/宽			8/4			/
滚边宽			1.2			/
中袋长/宽	10.9/12.4	11.2/12.7	11.5/13	11.8/13.3	12.1/13.6	0.3
中袋盖长/宽	12.4/7	12.7/7	13/7	13.3/7	13.6/7	0.3
下袋长/宽	12.4/9.4	12.7/9.7	13/10	13.3/10.3	13.6/10.6	0.3
下袋盖长/宽	9.4/6	9.7/6	10/6	10.3/6	10.6/6	0.3

3. 基础结构图绘制

记者背心中档规格结构图如图 5-33 所示。

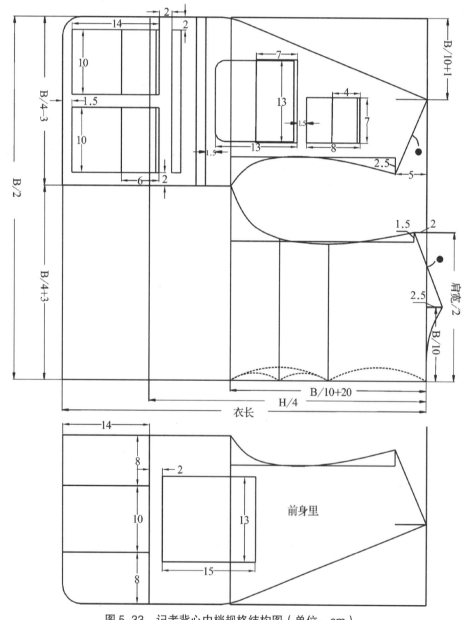

图 5-33　记者背心中档规格结构图（单位：cm）

4. 纸样分解

①面料衣片缝份。前后身衣片止口处缝份 0.5 cm，分割处缝份 1 cm，贴袋布袋口折边 2 cm，另外三边缝份 1 cm，其他应根据成衣要求进行设计。

②里料衣片缝份。里料使用材料与面料相同，缝份加放同面料一致。口袋布按要求及形状进行配置。

③辅助材料使用及部位。前身中贴袋左右分别有一块透明材料，用以装载穿着者相关证件。拉链 7 根，分别用于门襟、左右衣片各 2 根、后身里外各 1 根。魔术贴若干，分别用于左右身 8 只贴袋。

④中档规格纸样绘制。记者背心中档规格面料纸样如图 5-34 所示。

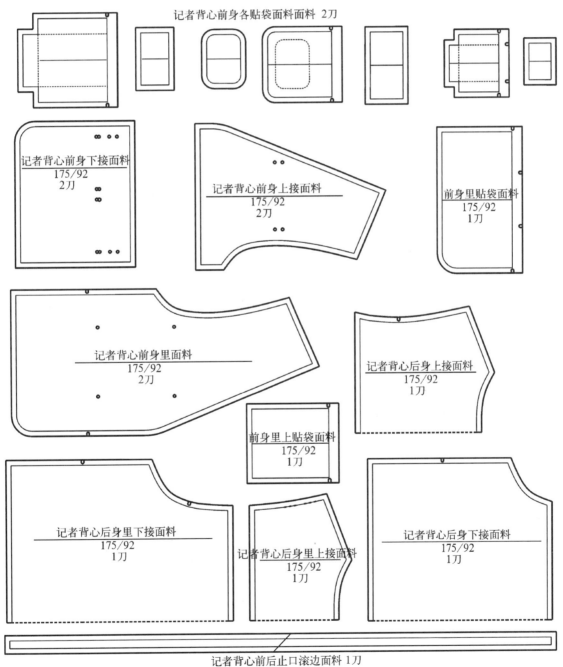

图 5-34　记者背心中档规格面料纸样图

第六章 | 礼服型男上装结构设计与纸样工艺

第一节　正 式 礼 服

一、夜礼服

夜礼服中最经典的款式是燕尾服。燕尾服款式图如图6-1所示。

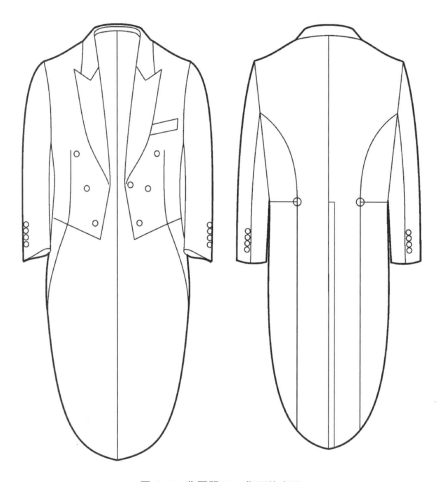

图6-1　燕尾服正、背面款式图

1. 结构与工艺

① 结构特点。保持传统的裁剪设计，整体由燕身与燕尾两部分组成，交接处在腰线下2 cm位置，前身收装饰腰省并为燕尾开尾处；后身有刀背，后中开衩（明衩），后身强调合体结构。衣身整体结构紧凑，层次感强烈，是第一礼服中最具特色的造型结构设计。

② 材料与工艺方法。礼服呢、驼丝锦，质地紧密的精纺毛织物。一般采用精纺毛织物、美丽绸或缎类织物，运用传统精做礼服工艺方法。内穿3粒扣礼服马甲，领结及手巾为白色，裤子侧缝嵌两根丝缎，皮鞋有皮花，另有手套、礼帽等饰物。有其固定的装配要求，优雅华贵，礼仪绅士，具有独特的艺术和人文情感。

2. 规格设计

燕尾服成衣各部位规格见表6-1、表6-2。

表6-1 5·4系列——燕尾服成衣主要部位规格表 （单位：cm）

部位	165/84	170/88	175/92	180/96	185/100	档差
衣长（后）	101	104	107	110	113	3
胸围	102	106	110	114	118	4
腰围	92	96	100	104	108	4
腹围	98	102	106	110	114	4
腰节	43.5	44.5	45.5	46.5	47.5	1
肩宽	44.8	46	47.2	48.5	49.5	1.2
袖长	57.5	59	60.5	62	63.5	1.5
袖口围/2	14	14.5	15	15.5	16	0.5

表6-2 5·4系列——燕尾服成衣次要部位规格表 （单位：cm）

部位	165/84	170/88	175/92	180/96	185/100	档差
搭门宽	2.5					/
翻领宽	4					/
底领宽	2.5					/
驳头宽	8.5					/
翻/驳领口	3.3/5.5					/
手巾袋长/宽	9.7/2.8	10/2.8	10.3/2.8	10.6/2.8	10.9/2.8	0.3

3. 基础结构图绘制

燕尾服中档规格结构图如图 6-2 所示。

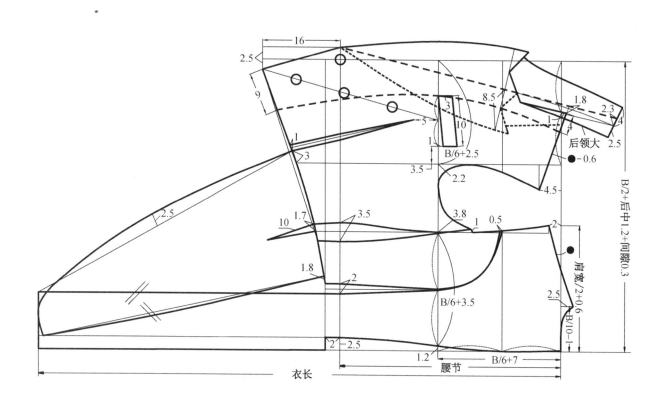

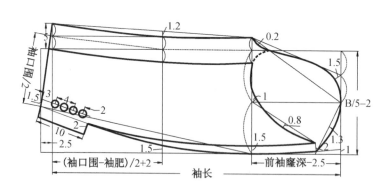

图 6-2 燕尾服中档规格结构图（单位：cm）

4. 纸样分解

① 面料衣片缝份。面料下摆折边 4 cm，后中缝缝份 2.5 cm，其余 1 cm；翻领面里缝份 1.5 cm，手巾袋牙丝缕对应衣身要求。其他应根据成衣要求进行设计。

② 里料衣片缝份。可根据服装内部结构要求进行缝份加放处理，后身里料中缝坐缝 2 cm，开衩处按成衣工艺不同要求进行里料配置。口袋布按要求及形状进行配置。

③ 辅助材料使用部位。有纺衬（前身、挂面、领面/里、后身衩、燕尾贴边），无纺衬（手巾袋、里袋开袋位/袋嵌）。黑炭衬（大胸衬、盖肩衬），树脂衬（手巾袋牙），牵条衬（门里襟止口、驳头、后领堂、袖窿），其他（针刺棉、领底绒、T/C袋布）。里料（前身、后身、燕尾、挂面、领面、袖身），纽扣（大扣10粒，用于前身门襟5粒、里襟3粒和后身2粒；小扣8粒，用于左右袖口各4粒）。

④ 中档规格纸样绘制。燕尾服中档规格面料纸样如图6-3所示。

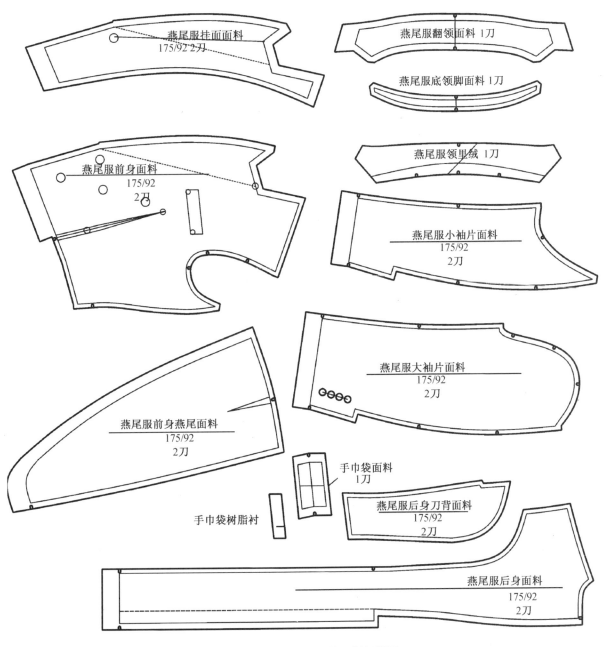

图6-3 燕尾服中档规格面料纸样图

晨礼服款式图如图 6-4 所示。

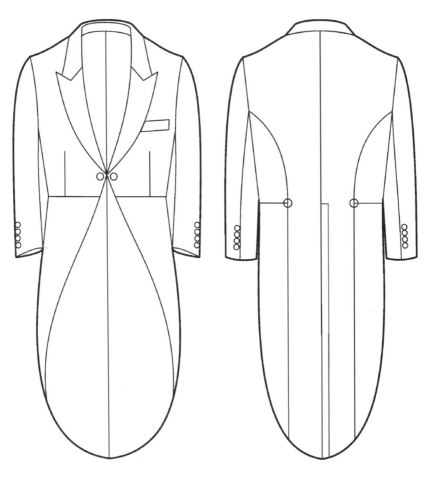

图 6-4　晨礼服正、背面款式图

1. 结构与工艺

① 结构特点。晨礼服的结构形式为前身腰部有 1 粒扣的搭门，前下摆与后燕尾连成一体至后身膝关节呈大圆摆，后身结构与燕尾服相同；领型为戗驳领或八字领，衣料采用黑色或银灰色礼服呢。内穿白色马甲，单排 5 粒扣或双排 6 粒扣；领带白色或带有条纹图案或系扣领巾，手巾为白色，裤子选用灰色条纹面料，另有手套、礼帽等服饰。庄重、肃穆、礼仪。

② 用料与工艺方法。礼服呢、驼丝锦、质地紧密的精纺毛织物。灰色、黑灰条相间西裤，设侧章。采用精做礼服工艺。

2. 规格设计

晨礼服成衣各部位规格见表6-3、表6-4。

表6-3　5·4系列——晨礼服成衣主要部位规格表　　　　　（单位：cm）

部位	165/84	170/88	175/92	180/96	185/100	档差
衣长（后）	101	104	107	110	113	3
胸围	102	106	110	114	118	4
腰围	92	96	100	104	108	4
腹围	98	102	106	110	114	4
腰节	43.5	44.5	45.5	46.5	47.5	1
肩宽	44.8	46	47.2	48.5	49.5	1.2
袖长	57.5	59	60.5	62	63.5	1.5
袖口围/2	14	14.5	15	15.5	16	0.5

表6-4　5·4系列——晨礼服成衣次要部位规格表　　　　　（单位：cm）

部位	165/84	170/88	175/92	180/96	185/100	档差
搭门宽			2.5			/
翻领宽			4			/
底领宽			2.5			/
驳头宽			8.5			/
翻/驳领口			3.3/5.5			/
手巾袋长/宽	9.7/2.8	10/2.8	10.3/2.8	10.6/2.8	10.9/2.8	0.3

3. 基础结构图绘制

晨礼服中档规格结构图如图 6-5 所示。

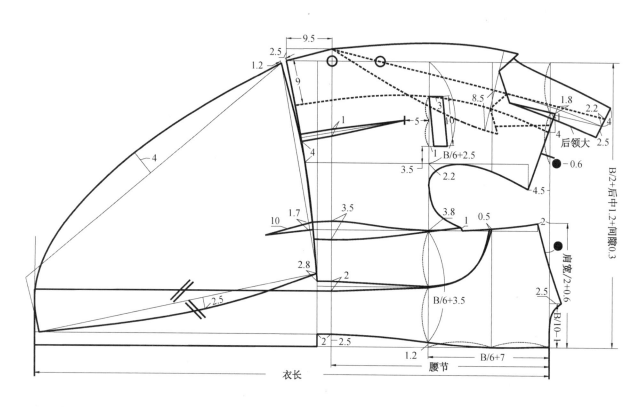

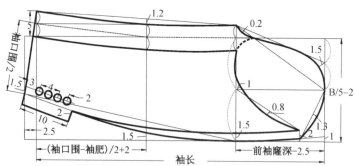

图 6-5　晨礼服中档规格结构图（单位：cm）

4. 纸样分解

① 面料衣片缝份。面料下摆折边 4 cm，后中缝缝份 2.5 cm，其余 1 cm；翻领面里缝份 1.5 cm，手巾袋爿丝缕对应衣身要求。其他应根据成衣要求进行设计。

② 里料衣片缝份。可根据服装内部结构要求进行缝份加放处理，后身里料中缝坐缝 2 cm，开衩处按成衣工艺不同要求进行里料配置。口袋布按要求及形状进行配置。

③ 辅助材料使用部位。有纺衬（前身、挂面、领面/里、后身衩、燕尾贴边），无纺衬（手巾袋、里袋开袋位/袋嵌），黑炭衬（大胸衬、盖肩衬），树脂衬（手巾袋爿），嵌条衬（门里襟止口、驳头、后领堂、袖窿），其他（针刺棉、领底绒、T/C 袋布）。里料（前身、后身、袖身），纽扣（大扣 4 粒，用于前身里襟 2 粒和后身 2 粒；小扣 8 粒，用于左右袖口各 4 粒）。

④ 中档规格纸样绘制。晨礼服中档规格面料纸样如图 6-6 所示。

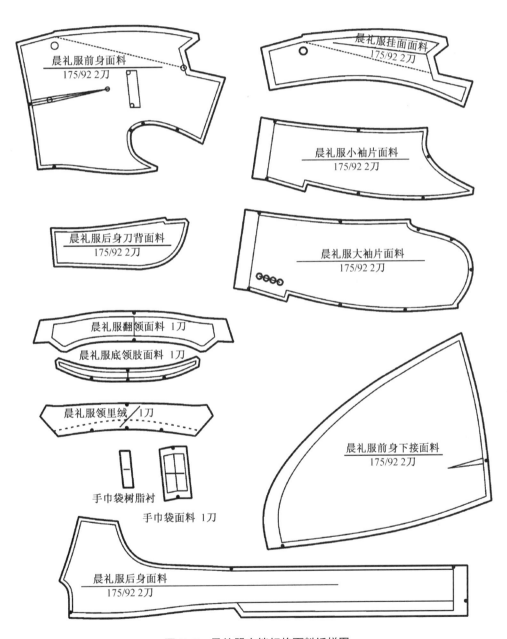

图 6-6　晨礼服中档规格面料纸样图

第二节 半正式礼服

夏季塔士多礼服款式图如图 6-7 所示。

图 6-7 夏季塔士多礼服正、背面款式图

1. 结构与工艺

① 结构特点。戗驳领塔士多和青果领塔士多是塔士多礼服基本构成的两种形式。整体结构同普通西服相似，驳领深度稍低，腰线与口袋之间有一粒纽扣，双嵌线口袋，有腰腹省，六开身结构设计，领型采用驳领类青果领造型，缎面材料。塔士多礼服的结构属于套装系统，戗驳领 1 粒扣，双嵌线口袋为它的标准款式，这和董事套装几乎相同，有所不同的是塔士多的驳领、口袋的双嵌线和裤子的侧章均用同色的绢丝面料制作。在结构上它和董事套装相同，都采用"五缝"结构（加腹省六开身）。青果领款式是塔士多特有形式，一般燕尾服、其他礼服（如梅斯礼服）甚至便装采用青果领都是以此为根据。青果领塔士多礼服在总体结构上和戗驳领塔士多相同，只是青果领的结构采用无缝结构的挂面设计，且通过左右挂面连裁的工艺和特殊的缝制方法完成，这成为塔土多礼服独一无二的造型语言。

② 用料与工艺方法。一般采用精纺毛织物，美丽绸或缎类织物，运用传统精做礼服工艺方法。

2. 规格设计

夏季塔士多礼服成衣规格见表 6-5、表 6-6。

表 6-5　5·4 系列——夏季塔士多礼服成衣主要部位规格表　　（单位：cm）

部位	165/84	170/88	175/92	180/96	185/100	档差
衣长（后）	46.5	48	49.5	51	52.5	1.5
胸围	102	106	110	114	118	4
腰围	92	96	100	104	108	4
腹围	98	102	106	110	114	4
腰节	43.5	44.5	45.5	46.5	47.5	1.5
肩宽	44.8	46	47.2	48.5	49.5	1.2
袖长	57.5	59	60.5	62	63.5	1.5
袖口 /2	14	14.5	15	15.5	16	0.5

表 6-6　5·4 系列——夏季塔士多礼服成衣次要部位规格表　　（单位：cm）

部位	165/84	170/88	175/92	180/96	185/100	档差
搭门宽			2.5			/
翻领宽			4			/
底领宽			2.5			/
驳头宽			8			/
翻/驳领口			3.3/5.5			/
手巾袋长/宽	9.7/2.8	10/2.8	10.3/2.8	10.6/2.8	10.9/2.8	0.3

3. 基础结构图绘制

夏季塔士多礼服中档规格结构图如图6-8所示。

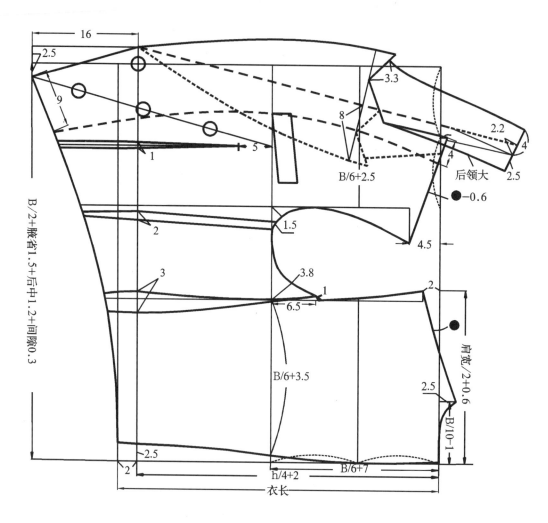

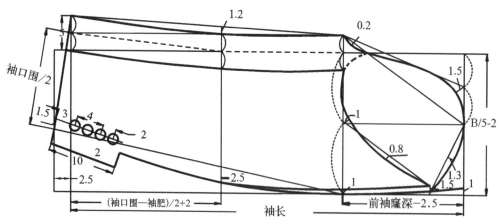

图6-8 夏季塔士多礼服中档规格结构图形（单位：cm）

4. 纸样分解

① 面料衣片缝份。面料下摆折边 4 cm，后中缝缝份 2.5 cm，其余 1 cm；翻领面里缝份 1.5 cm，手巾袋爿丝缕对应衣身要求。其他应根据成衣要求进行设计。

② 里料衣片缝份。可根据服装内部结构要求进行缝份加放处理，后身里料中缝坐缝 2 cm，口袋布按要求及形状进行配置。

③ 辅助材料使用部位。有纺衬（前身、挂面、领面/里、下摆折边），无纺衬（手巾袋、里袋开袋位/袋嵌），黑炭衬（大胸衬、盖肩衬），树脂衬（手巾袋爿），牵条衬（门里襟止口、驳头、后领堂、袖窿），其他（针刺棉、领底绒、T/C袋布）。里料（前身、后身、袖身、裿面、领面），纽扣（大扣 8 粒，用于前身门襟 5 粒和里襟 3 粒；小扣 6 粒，用于左右袖口各 3 粒）。

④ 中档规格纸样绘制。夏季塔士多礼服中档规格面料纸样如图 6-9 所示。

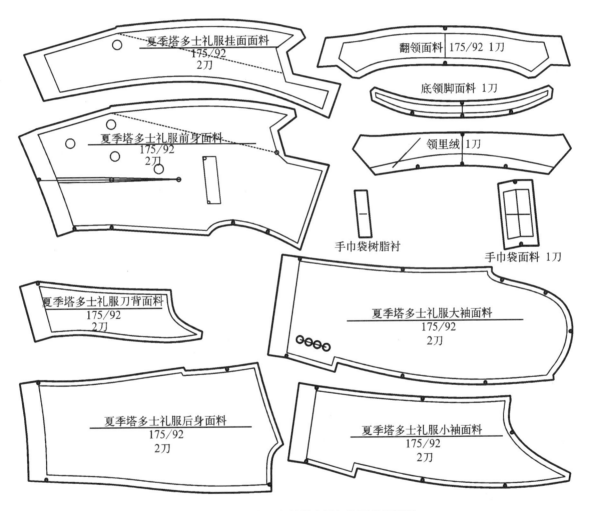

图 6-9 夏季塔士多礼服中档规格面料纸样图

秋冬季塔士多礼服最经典的款式是青果领塔士多礼服。青果领塔士多礼服款式图如图6-10所示。

图6-10　青果领塔士多礼服正、背面款式图

1. 规格设计

青果领塔士多礼服成衣各部位规格见表6-7、表6-8。

表6-7　5·4系列——青果领塔士多礼服成衣主要部位规格表　　（单位：cm）

部位	165/84	170/88	175/92	180/96	185/100	档差
衣长（后）	74	76	78	80	82	2
胸围	102	106	110	114	118	4
腰围	92	96	100	104	108	4
腹围	98	102	106	110	114	4
腰节	43.5	44.5	45.5	46.5	47.5	1.5
肩宽	44.8	46	47.2	48.5	49.5	1.2
袖长	57.5	59	60.5	62	63.5	1.5
袖口围/2	14	14.5	15	15.5	16	0.5

表6-8　5·4系列——青果领塔士多礼服成衣次要部位规格表

部位	165/84	170/88	175/92	180/96	185/100	档差
搭门宽			2.5			/
翻领宽			4			/
底领宽			2.5			/
驳头宽			7/8			/
翻/驳领口			3.3/5.5			/
手巾袋长/宽	9.7/3	10/3	10.3/3	10.6/3	10.9/3	0.3

2. 基础结构图绘制

青果领塔士多礼服中档规格结构图如图6-11所示。

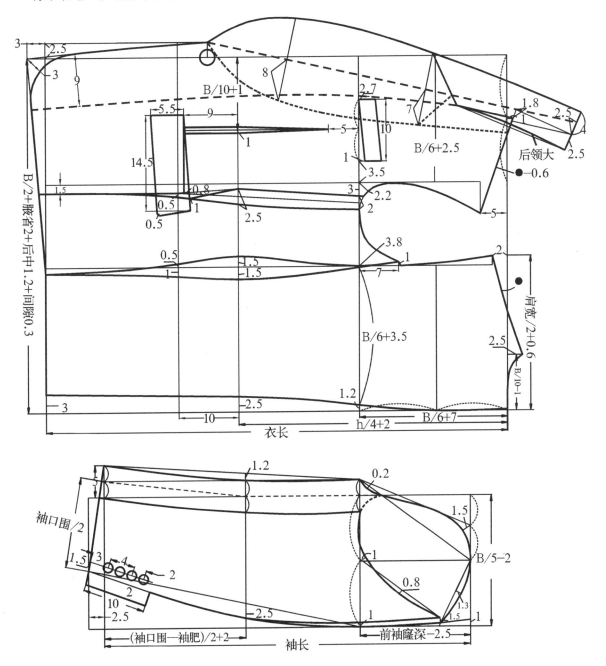

图6-11　青果领单扣一粒扣塔士多礼服中档规格结构图形（单位：cm）

3. 纸样分解

① 面料衣片缝份。面料下摆折边 4 cm，后中缝缝份 2.5 cm，其余 1 cm；翻领面里缝份 1.5 cm，手巾袋爿丝缕对应衣身要求。其他应根据成衣要求进行设计。

② 里料衣片缝份。可根据服装内部结构要求进行缝份加放处理，后身里料中缝坐缝 2 cm，开衩处按成衣工艺不同要求进行里料配置。口袋布按要求及形状进行配置。

③ 辅助材料使用部位。有纺衬（前身、挂面、领面/里、下摆折边），无纺衬（手巾袋、里袋开袋位/袋嵌），黑炭衬（大胸衬、盖肩衬），树脂衬（手巾袋爿），嵌条衬（门里襟止口、驳头、后领堂、袖窿），其他（针刺棉、领底绒、T/C 袋布）。里料（前身、后身、袖身、挂面、领面），纽扣（大扣 2 粒，用于前身里襟 2 粒；小扣 6 粒，用于左右袖口各 3 粒）。

④ 中档规格纸样绘制。青果领塔士多礼服中档规格面料纸样如图 6-12 所示。

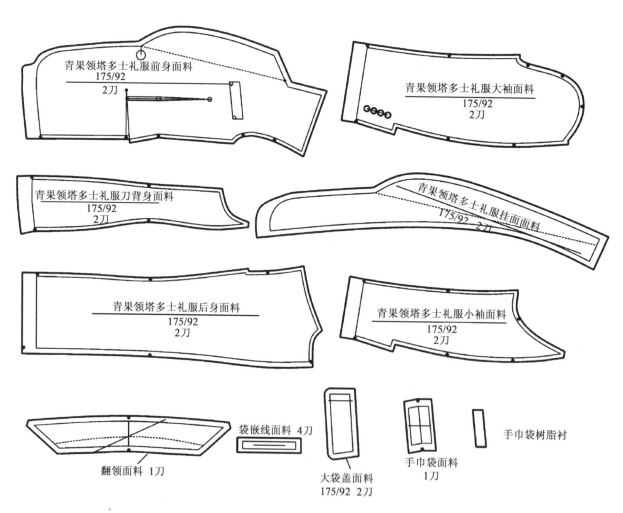

图 6-12　青果领塔士多礼服中档规格面料纸样图

半正式晨礼服最经典的款式是董事套装。董事套装款式图如图6-13所示。

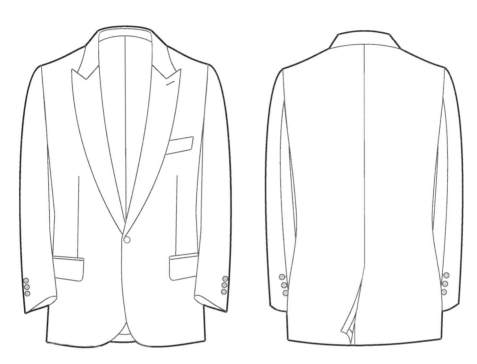

图6-13　董事套装正、背面款式图

1. 结构与工艺

① 结构特点。上衣款式和塔士多礼服大体相同，即单门襟、戗驳领、1粒扣，加袋盖双嵌线口袋。不同的是驳领和双嵌线无需用丝缎面料包覆，以便作为两种礼服在昼夜时间区别上的标志；口袋有无袋盖按照惯例，前者是以户外活动为主，后者是以户内活动为主。由此也就确立了董事套装和塔士多礼服作为标准礼服的同等地位和时间上的区分。根据晨礼服的传统习惯和基本功能要求，董事套装只是把晨礼服的上衣替换成类似塔士多的上衣，而配服、配饰仍保持着晨礼服的基本风格和习惯。董事套装在裁剪设计上脱离了燕尾服和晨礼服的裁剪风格，与三件套装、黑色套装属同一系统，即套装结构系统。套装是在传统的"三缝"结构基础上逐步完善而形成了今天常礼服的"五缝"结构，即左右身的前侧缝、后侧缝和一条后中缝，也就是所谓的六开身结构，即两个前片、两个后片和两个侧片。这种结构的理想状态往往是在前片开口袋处加腹省，使前身造型更富立体感。

② 用料与工艺方法。一般采用精纺毛织物、礼服呢、驼丝锦等质地紧密的精纺毛织物。领面采用美丽绸或缎类织物，运用传统精做礼服工艺方法。

2. 规格设计

董事套装成衣各部位规格见表6-9、表6-10。

表6-9　5·4系列——董事套装成衣主要部位规格表　　　　（单位：cm）

部位	165/84	170/88	175/92	180/96	185/100	档差
衣长（后）	74	76	78	80	82	2
胸围	102	106	110	114	118	4
腰围	92	96	100	104	108	4
腹围	98	102	106	110	114	4
腰节长	43.5	44.5	45.5	46.5	47.5	1.5
肩宽	45.8	47	48.2	49.4	50.6	1.2
袖长	57.5	59	60.5	62	63.5	1.5
袖口围/2	14	14.5	15	15.5	16	0.5

表6-10　5·4系列——董事套装成衣次要部位规格表　　　　（单位：cm）

部位	165/84	170/88	175/92	180/96	185/100	档差
搭门宽	2.5					/
翻领宽	4					/
底领宽	2.5					/
驳头宽	8					/
翻/驳领口	3.3/5.5					/
手巾袋长/宽	9.7/3	10/3	10.3/3	10.6/3	10.9/3	0.3
大袋长/宽	14/1	14.5/1	15/1	15.5/1	16/1	0.5
大袋盖长/宽	14/5.5	14.5/5.5	15/5.5	15.5/5.5	16/5.5	0.5

3. 基础结构图绘制

董事套装中档规格结构图如图 6-14 所示。

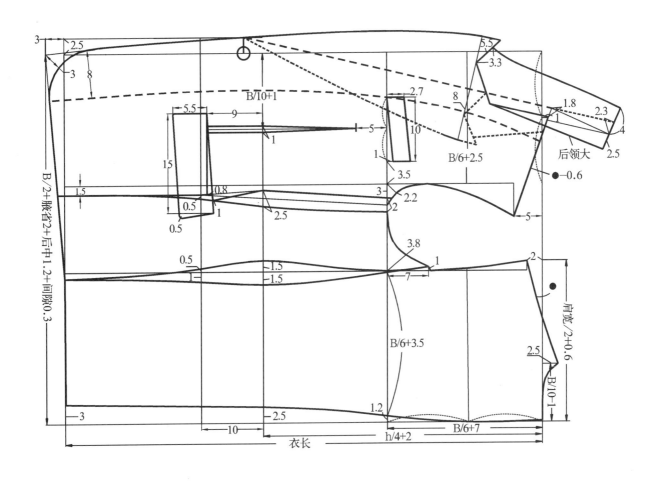

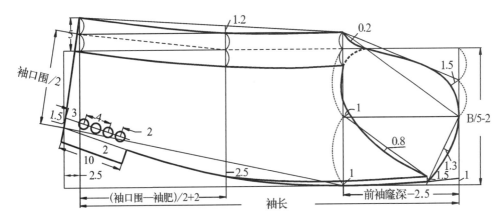

图 6-14　董事套装中档规格结构图形（单位：cm）

4. 纸样分解

① 面料衣片缝份。面料下摆折边 4 cm，后中缝缝份 2.5 cm，其余 1 cm；翻领面里缝份 1.5 cm，手巾袋牙丝缕对应衣身要求。其他应根据成衣要求进行设计。

② 里料衣片缝份。可根据服装内视图要求进行缝份加放处理，后身里料中缝坐缝 2 cm，开衩处按成衣工艺不同要求进行里料配置。口袋布按要求及形状进行配置。

③ 辅助材料使用部位。有纺衬（前身、挂面、领面/里、下摆折边），无纺衬（手巾袋、里袋开袋位/袋嵌），黑炭衬（大胸衬、盖肩衬），树脂衬（手巾袋牙），牵条衬（门里襟止口、驳头、后领堂、袖窿），其他（针刺棉、领底绒、T/C 袋布）。里料（前身、后身、袖身、挂面、领面），纽扣（大扣 2 粒，用于前身里襟；小扣 6 粒，用于左右袖口各 3 粒）。

④ 中档规格纸样绘制。董事套装中档规格面料纸样如图 6-15 所示。

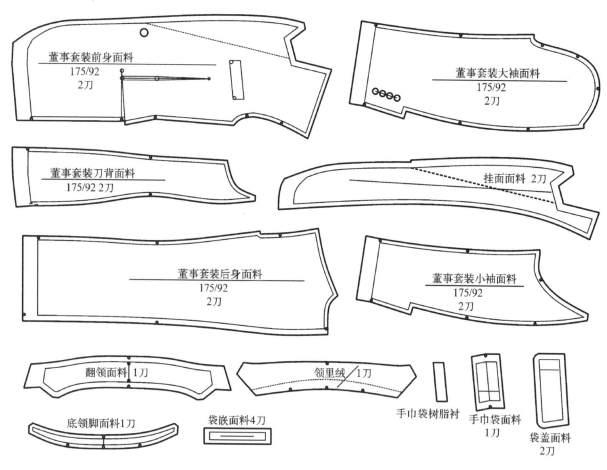

图 6-15　董事套装中档规格面料纸样图

全天候常礼服的经典款式是黑色套装，款式图如图 6-16 所示。

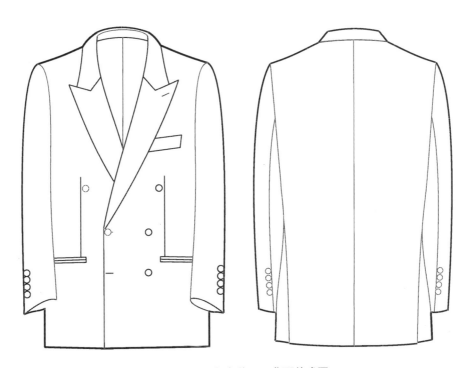

图 6-16 黑色套装正、背面款式图

1. 结构与工艺

① 结构特点。黑色套装的裁剪设计和塔士多礼服、董事套装同属套装结构系统，为六开身或加省六开身裁片。黑色套装的双排扣结构是它所具有的典型特征，也是其他类礼服、套装所依照的根据。黑色套装的另一种样式为单排 2 粒扣，单排 2 粒扣黑色套装有两种格式，即三件套和两件套，实际上它是将套装中的最高级别作为礼服中的最低形式，它处在礼服和便服的交汇点上。在变通方法上它比双排扣黑色套装更具有灵活性，这就是它被国际社会公认为"国际服"的重要原因，它和双排扣黑色套装一样，具有正式礼服的功能。

② 用料与工艺方法。在面料和工艺上，黑色套装和塔士多礼服有所不同，在相同款式的前提下即双排扣戗驳领，塔士多的驳领部分和口袋的双嵌线要用绢丝缎面料包覆加工，这是塔士多礼服的重要特征，黑色套装在驳领部分和口袋的双嵌线均使用同衣身相同的材料，这也是双排扣黑色套装最突出的地方。一般采用精纺毛织物，美丽绸或缎类织物，运用传统精做礼服工艺方法。

2. 规格设计

黑色套装成衣各部位规格见表 6-11、表 6-12。

表 6-11 5·4系列——黑色套装成衣主要部位规格表 （单位：cm）

部位	165/84	170/88	175/92	180/96	185/100	档差
衣长（后）	74	76	78	80	82	2
胸围	102	106	110	114	118	4
腰围	92	96	100	104	108	4
腹围	98	102	106	110	114	4
腰节长	43.5	44.5	45.5	46.5	47.5	1.5
肩宽	45.8	47	48.2	49.4	50.6	1.2
袖长	58.5	60	61.5	63	64.5	1.5
袖口围/2	14	14.5	15	15.5	16	0.5

表 6-12 5·4系列——黑色套装成衣次要部位规格表 （单位：cm）

部位	165/84	170/88	175/92	180/96	185/100	档差
搭门宽			8			/
翻领宽			4			/
底领宽			2.5			/
驳头宽			9			/
翻/驳领口			3.3/5.5			/
手巾袋长/宽	9.7/3	10/3	10.3/3	10.6/3	10.9/3	0.3
大袋长/宽	14/1	14.5/1	15/1	15.5/1	16/1	0.5
大袋盖长/宽	14/5.5	14.5/5.5	15/5.5	15.5/5.5	16/5.5	0.5

3. 基础结构图绘制

黑色套装中档规格结构图如图 6-17 所示。

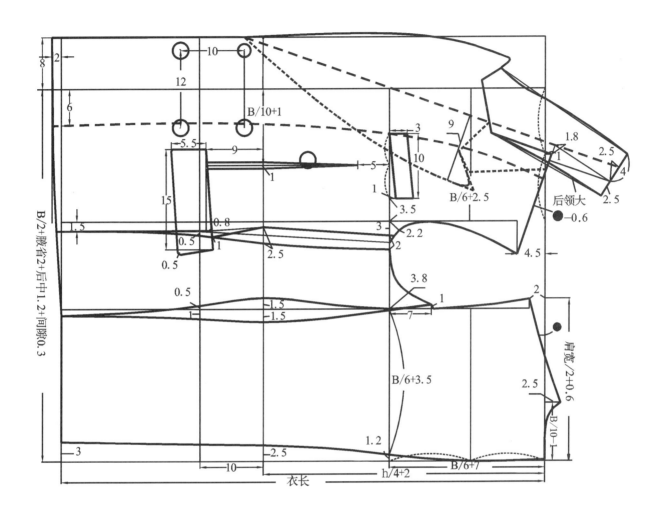

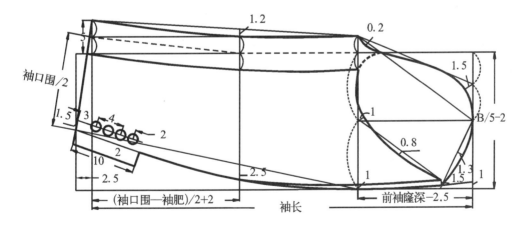

图 6-17　黑色套装中档规格结构图形（单位：cm）

4. 纸样分解

① 面料衣片缝份。面料下摆折边 4cm，后中缝缝份 2.5 cm，其余 1 cm；翻领面里缝份 1.5 cm，手巾袋片丝缕对应衣身要求。其他应根据成衣要求进行设计。

② 里料衣片缝份。可根据服装内部结构要求进行缝份加放处理，后身里料中缝坐缝 2 cm，开衩处按成衣工艺不同要求进行里料配置。口袋布按要求及形状进行配置。

③ 辅助材料使用部位。有纺衬（前身、挂面、领面 / 里、下摆折边），无纺衬（手巾袋、里袋开袋位 / 袋嵌），黑炭衬（大胸衬、盖肩衬），树脂衬（手巾袋片），牵条衬（门里襟、驳头、后领堂、袖窿），其他（针刺棉、领底绒、T/C 袋布）。里料（前身、后身、袖身、挂面、领面），纽扣（大扣 7 粒，分别用于前身里襟 4 粒和里襟 3 粒；小扣 8 粒，用于左右袖口各 4 粒）。

④ 中档规格纸样绘制。黑色套装中档规格面料纸样如图 6-18 所示。

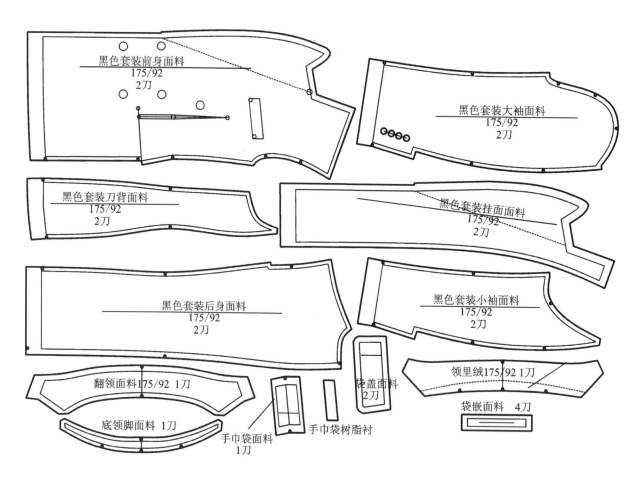

图 6-18　黑色套装中档规格面料纸样图

第七章｜中式男装结构设计与纸样工艺

罩褂正、背面款式图如图 7-1 所示。

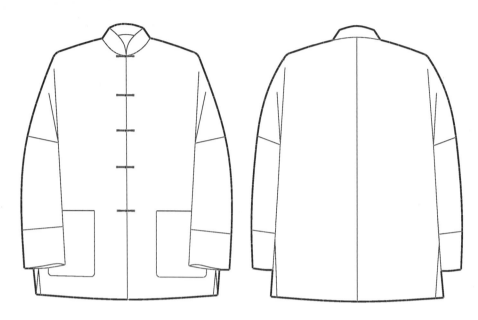

图 7-1　罩褂正、背面款式图

1. 规格设计

罩褂成品各部位系列规格见表 7-1。

表 7-1　5·4 系列—罩褂成品主要部位系列规格表　　（单位：cm）

部位	165/84	170/88	175/92	180/96	185/100	档差
衣长（后）	72	75	78	81	84	3
胸围（上腰）	112	116	120	124	128	4
摆围围（下腰）	132	136	140	144	148	4
袖窿（挂肩）	56	58	60	62	64	2
袖长（通臂长）	182	186	190	194	198	4
袖口围	37	38.5	40	41.5	43	1.5
领围	41	42	43	44	45	1
侧衩高	13	13.5	14	14.5	15	0.5
侧袋大	14	14.5	15	15.5	16	0.5
贴袋宽/高	16/18	16.5/18.5	17/19	17.5/19.5	18/20	0.5
后领宽			4			/
里襟宽			5			/
折边			4			/

2. 结构制图

罩褂（175/92A）结构图如图 7-2 所示。

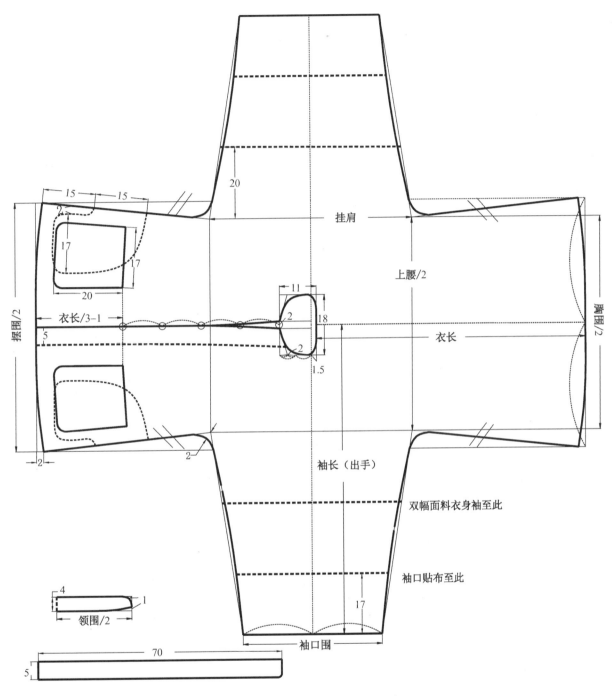

图 7-2　罩褂结构图（单位：cm）

3. 纸样分解

① 工艺分析。罩褂门里襟贴边、里襟、领面使用无纺衬,立领用树脂衬;两侧有侧插袋并开衩,为一般分衩工艺。下摆折进 4 cm,手工缲边;袖口与袖贴布正常拼合,贴布止口缉线 0.1 cm,防止止口外吐,贴布里口用手针缲于袖身。门襟 5 粒对扣,手工盘结与固定。衣身下摆折边 4 cm,其余 1 cm。

② 结构纸样。罩褂面料纸样如图 7-3 所示。

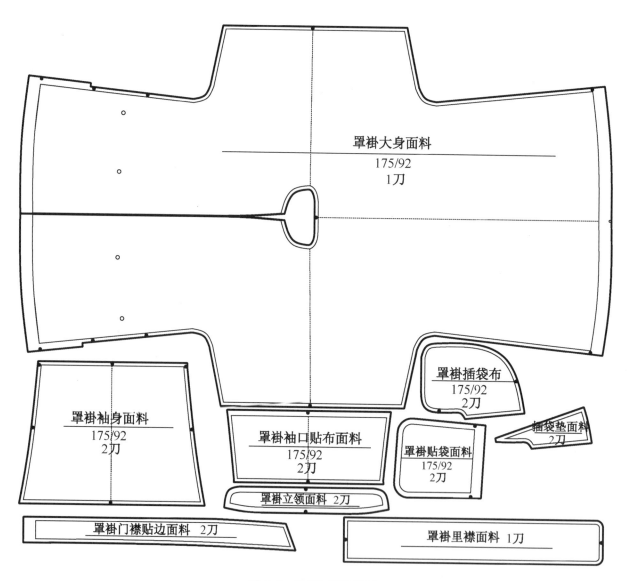

罩褂大身面料
175/92
1刀

罩褂插袋布
175/92
2刀

罩褂袖身面料
175/92
2刀

罩褂袖口贴布面料
175/92
2刀

插袋垫面料
2刀

罩褂贴袋面料
175/92
2刀

罩褂立领面料 2刀

罩褂门襟贴边面料 2刀

罩褂里襟面料 1刀

图 7-3　罩褂面料纸样图

长衫正、背面款式图如图 7-4 所示。

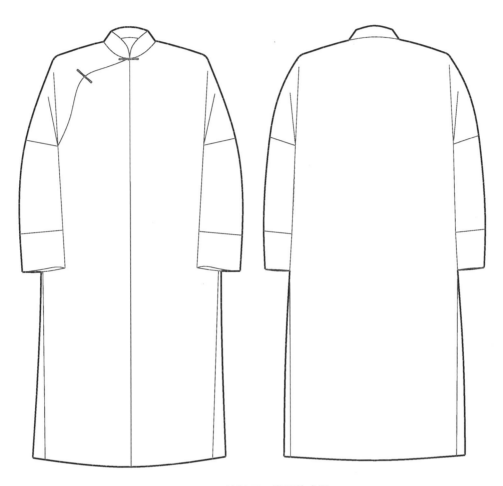

图 7-4　长衫正、背面款式图

1. 规格设计

长衫成品各部位系列规格见表 7-2。

表 7-2　5·4 系列—长衫成品主要部位系列规格表　　　　　（单位：cm）

部位	165/84	170/88	175/ 92	180/96	185/100	档差
衣长（后）	137	141	145	149	153	4
胸围（上腰）	116	120	124	128	132	4
下摆围	132	136	140	144	148	4
袖窿（挂肩）	56	58	60	62	64	2
袖长（通臂长）	186	190	194	198	202	4
袖口围	39	40.5	42	43.5	45	1.5
领围	42	43	44	45	46	1
侧衩高	56	58	60	62	64	2
侧袋大	14	14.5	15	15.5	16	0.5
后领宽			4			/
折边			4			/

2. 结构制图

长衫（175/92A）结构图如图 7-5 所示。

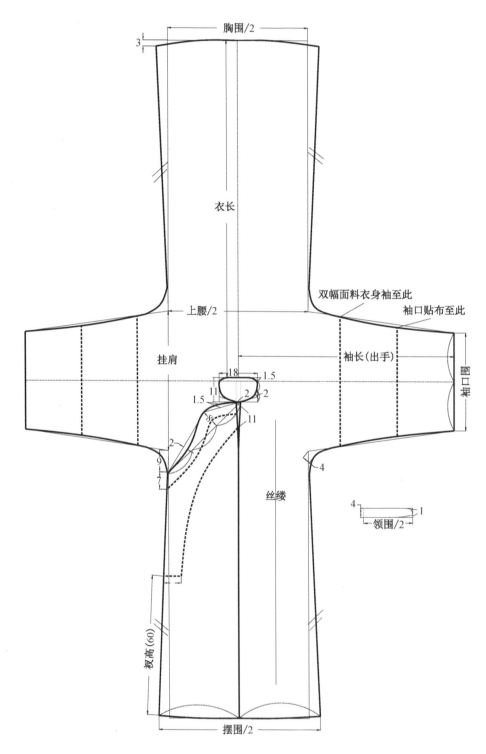

图 7-5　长衫结构图（单位：cm）

3. 纸样分解

① 工艺分析。长衫门襟贴边、里襟、领面使用无纺衬，树脂衬用于立领，两侧有插袋并开衩，为一般分衩工艺，门襟5粒对扣。前身左右拼合构成大襟，两侧袖里与袖面与袖口缝合，于袖口里口缉线0.1 cm，防止止口外吐，固定袖里；下摆折进4 cm，手工缲边；门襟5粒对扣，手工盘结与固定。有里料款式（一般为秋冬季款式），按里料配置要求进行，以面料衣片进行里料的配置。衣身下摆折边4 cm，其余1 cm。

② 结构纸样。长衫面料纸样如图7-6所示。

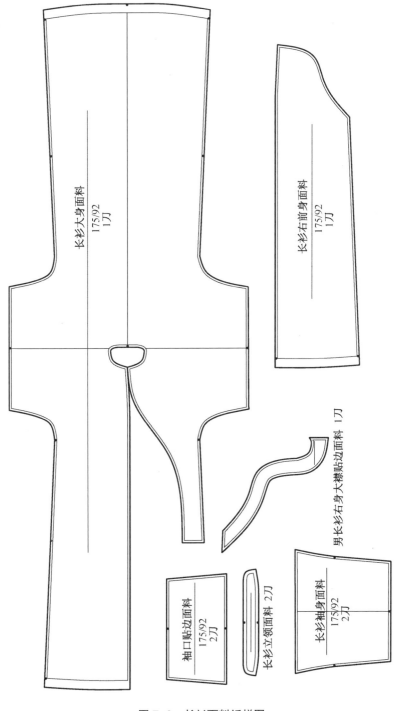

图 7-6　长衫面料纸样图

中山装正、背面款式图如图 7-7 所示。

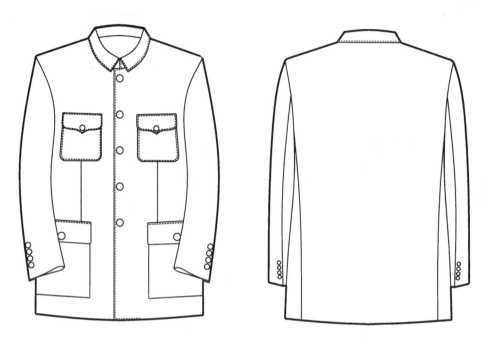

图 7-7 中山装正、背面款式图

1. 规格设计

中山装成品各部位系列规格见表 7-3。

表 7-3 5·4 系列—中山装成品主要部位系列规格表 （单位：cm）

部位	165/84	170/88	175/92	180/96	185/100	档差
衣长（后）	74	76	78	80	82	2
胸围	104	108	112	116	120	4
腰围	96	100	104	108	112	4
摆围	106	110	114	118	122	4
腰节	43.5	44.5	45.5	46.5	47.5	1
肩宽	46.8	48	49.2	50.4	51.6	1.2
袖长	58.5	60	61.5	63	64.5	1.5
袖口围	30	31	32	33	34	1
领围	41	42	43	44	45	1
小胸袋长/宽	12.4/10.4	12.7/10.7	13/11	13.3/11.3	13.6/11.6	0.3
小袋盖长/宽	10.9/6	11.2/6	11.5/6	11.8/6	12.1/6	0.3
大胸袋长/宽	19/16	19.5/16.5	20/17	20.5/17.5	21/18	0.5
大袋盖长/宽	17/7	17.5/7	18/7	18.5/7	19/7	0.5
翻/底领宽	4/3					/
翻/底领口宽	5/2.8					/
搭门宽	2.5					/
折边	4					/

2. 结构制图

中山装（175/92A）结构图如图 7-8 所示。

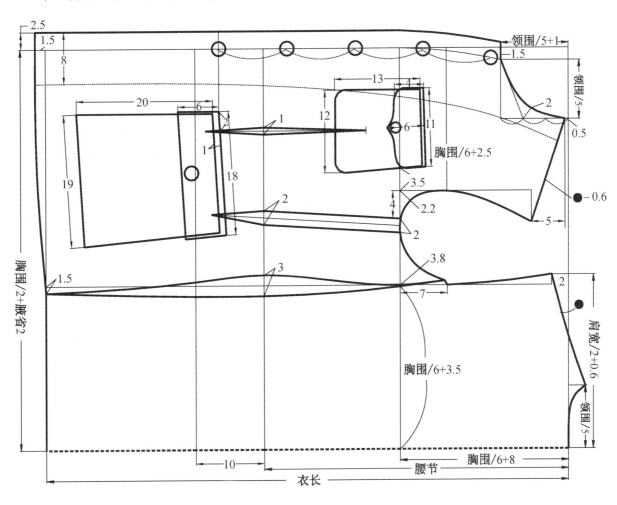

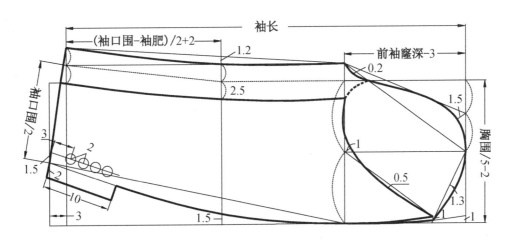

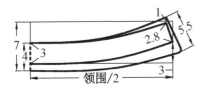

图 7-8　中山装结构图（单位：cm）

3. 纸样分解

① 工艺分析。中山装精做工艺辅助材料众多，包括有纺衬、无纺衬、黑炭衬、针刺棉、双面胶、纱带、牵条、T/C袋布等，具体运用如下。

有纺衬：前身、挂面、翻领面/底领里、刀背处、下摆折边等。

无纺衬：手巾袋牙、大袋盖/嵌、里袋开袋、里袋嵌、里卡袋开袋、里卡袋嵌。

树脂衬：翻领面/底领里。

牵条：门里襟止口、驳头、领堂、袖窿。

T/C袋布：里袋布、小卡袋布。

黑炭衬：大胸衬（前身腰线以上—驳头线内的形状），盖肩衬（领口向下12 cm，袖窿向下8 cm的形状）。

针刺棉衬：比大胸衬一周大1.5 cm左右，袖山衬条为黑炭衬与针刺棉衬条，长40 cm，宽5 cm。

② 面料衣片缝份。前身门襟及领口处缝份1.5 cm，下摆折边4 cm，挂面领口缝份1.5 cm，翻/底领缝份1.5 cm；大小贴袋与袋盖丝缕对应衣身要求。其他应根据成衣要求进行设计。

③ 里料衣片缝份。根据面料毛样板绘制里料样板，与宽度部位相缝合处均比面料样板大出0.2 cm，挂面处出2.5 cm，前后身里料下摆与袖身里料袖口长度分别至面料样板的折边处出1 cm（达到面里下摆折边相距1 cm的要求），前身里门襟处长出面料折边1.5 cm（里料胸部的吃势）；后领处出0.5 cm，袖山弧线出1 cm，袖窿处出1，可根据服装内视图要求进行缝份加放处理，口袋布按要求及形状进行配置。

④ 结构纸样。中山装面料纸样如图7-9所示。

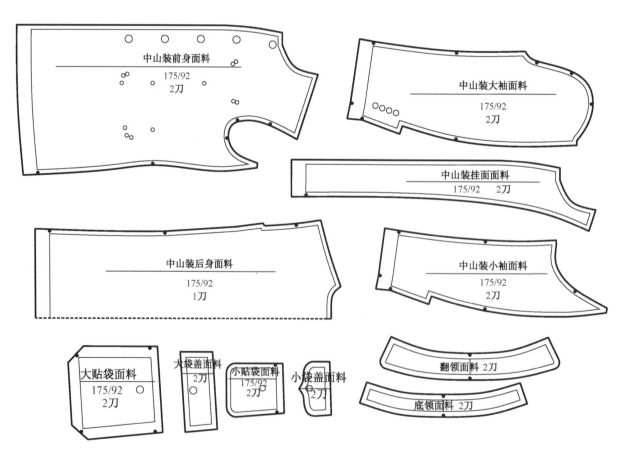

图7-9 中山装面料纸样图

四、学生装

学生装正、背面款式图如图 7-10 所示。

图 7-10　学生装正、背面款式图

1. 规格设计

学生装成品各部位规格见表 7-4。

表 7-4　5·4系列—学生装成品主要部位系列规格表　（单位：cm）

部位	165/84	170/88	175/92	180/96	185/100	档差
衣长（后）	74	76	78	80	82	2
胸围	102	106	110	114	118	4
腰围	92	96	100	104	108	4
摆围	104	108	112	116	120	4
腰节长	43.5	44.5	45.5	46.5	47.5	1
肩宽	46.5	47.5	49	50.2	51.4	1.2
袖长	58.5	60	61.5	63	64.5	1.5
袖口围	30	31	32	33	34	1
领围	41	42	43	44	45	1
手巾袋长/宽	10.4/2.7	10.7/2.7	11/2.7	11.3/2.7	11.6/2.7	0.3
大胸袋长/宽	14.4/1	14.7/1	15/1	15.3/1	15.6/1	0.3
大袋盖长/宽	14.4/5.5	14.7/5.5	15/5.5	15.3/5.5	15.6/5.5	0.3
后领宽			4			/
领口宽			3.5			/
搭门宽			2.5			/
折边			4			/

2. 结构制图

学生装（175/92A）结构图如图 7-11 所示。

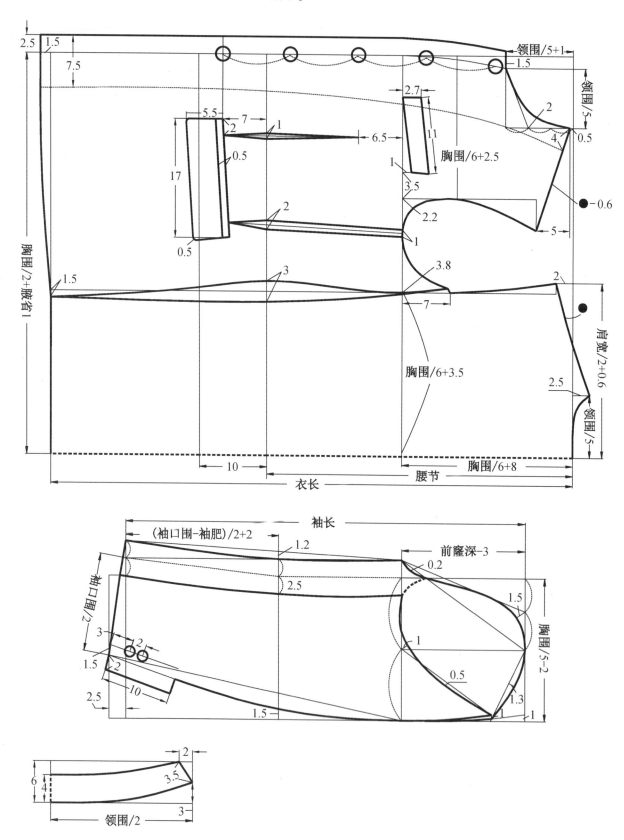

图 7-11　学生装结构图（单位：cm）

3. 纸样分解

① 工艺分析。学生装精做工艺辅助材料众多，包括有纺衬、无纺衬、黑炭衬、针刺棉、双面胶、纱带、牵条、T/C 袋布等，具体运用如下。

有纺衬：前身、挂面、立领面、刀背处、下摆折边等。

无纺衬：手巾袋片、大袋盖 / 嵌、里袋开袋、里袋嵌、里卡袋开袋、里卡袋嵌。

树脂衬：学生装手巾袋袋片、立领面。

牵条：门襟、驳头、领堂、袖窿。

T/C 袋布：手巾袋布、大袋布、里袋布、小卡袋布。

黑炭衬：大胸衬（前身腰线以上—驳头线内的形状），盖肩衬（领口向下 12 cm，袖窿向下 8 cm 的形状）。

针刺棉衬，比大胸衬一周大 1.5 cm 左右，袖山衬条为黑炭衬与针刺棉衬条，长 40 cm，宽 5 cm。

② 面料衣片缝份。前身门襟及领口处缝份 1.5 cm，下摆折边 4 cm，挂面领口缝份 1.5 cm，翻 / 底领缝份 1.5 cm；大小贴袋与袋盖丝缕对应衣身要求。其他应根据成衣要求进行设计。

③ 里料衣片缝份。根据面料毛样板绘制里料样板，与宽度部位相缝合处均比面料样板大出 0.2 cm，挂面处出 2.5 cm，前后身里料下摆与袖身里料袖口长度分别至面料样板的折边处出 1 cm（达到面里下摆折边相距 1 cm 的要求），前身里门襟处长出面料折边 1.5 cm（里料胸部的吃势）；后领处出 0.5 cm，袖山弧线出 1 cm，袖窿处出 1 cm，可根据服装内视图要求进行缝份加放处理，口袋布按要求及形状进行配置。

④ 结构纸样。学生装面料纸样如图 7-12 所示。

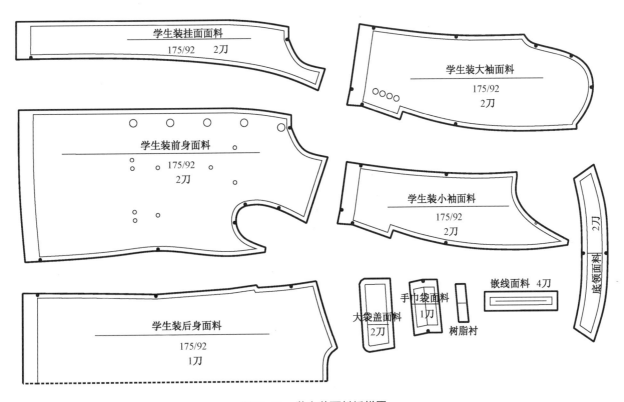

图 7-12　学生装面料纸样图

五、青年装

青年装正、背面款式图如图7-13所示。

图7-13　青年装正、背面款式图

1. 规格设计

青年装成品各部位系列规格见表7-5。

表7-5　5·4系列—青年装成品主要部位系列规格表 （单位：cm）

部位	165/84	170/88	175/92	180/96	185/100	档差
衣长（后）	74	76	78	80	82	2
胸围	102	106	110	114	118	4
腰围	92	96	100	104	108	4
摆围	104	108	112	116	120	4
腰节长	43.5	44.5	45.5	46.5	47.5	1
肩宽	46.5	47.5	49	50.2	51.4	1.2
袖长	58.5	60	61.5	63	64.5	1.5
袖口围	30	31	32	33	34	1
领围	41	42	43	44	45	1
小胸袋长/宽	11.4/10.4	12.2/10.7	12.5/11	12.8/11.3	13.1/11.6	0.3
大胸袋长/宽	19/16	19.5/16.5	20/17	20.5/17.5	21/18	0.5
后领宽	4					/
领口宽	3.5					/
搭门宽	2.5					/
折边	4					/

2. 结构制图

青年装（175/92A）结构图如图 7-14 所示。

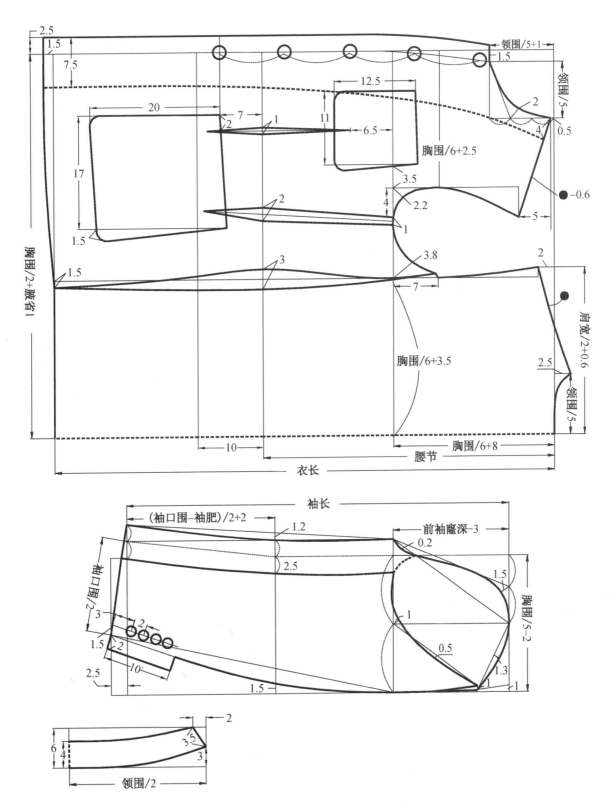

图 7-14　青年装结构图（单位：cm）

3. 纸样分解

① 工艺分析。青年装成衣工艺同学生装类似。

② 结构纸样。青年装面料纸样如图 7-15 所示。

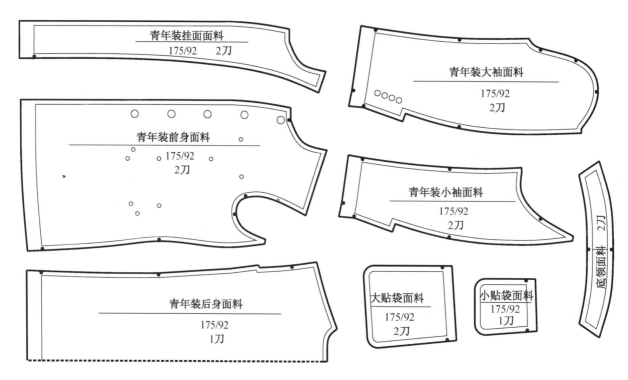

图 7-15　青年装面料纸样图

六、军便装

军便装正、背面款式图如图7-16所示。

图7-16　军便装正、背面款式图

1. 规格设计

军便装成品各部位系列规格见表7-6。

表7-6　5·4系列——军便装成品主要部位系列规格表　　（单位：cm）

部位	165/84	170/88	175/92	180/96	185/100	档差
衣长（后）	74	76	78	80	82	2
胸围	106	110	114	118	122	4
腰围	100	104	108	112	116	4
摆围	116	120	124	128	132	4
腰节长	43.5	44.5	45.5	46.5	47.5	1
肩宽	46.6	47.8	49	50.2	51.4	1.2
袖长	58.5	60	61.5	63	64.5	1.5
袖口围	32	33	34	35	36	1
领围	41	42	43	44	45	1
小袋盖长/宽	10.4/5.5	10.7/5.5	11/5.5	11.3/5.5	11.6/5.5	0.3
大袋盖长/宽	16/5.5	16.5/5.5	17/5.5	17.5/5.5	18/5.5	0.5
翻/底领宽	4/3					/
翻/底领口宽	5/2.8					/
搭门宽	2.5					/
折边	4					/

2. 结构制图

军便装（175/92A）结构图如图 7-17 所示。

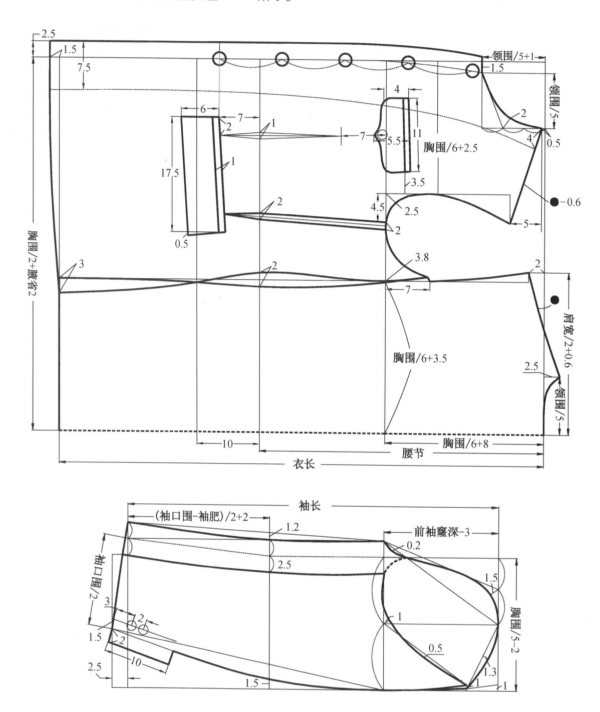

图 7-17　军便装结构图（单位：cm）

3. 纸样分解

① 工艺分析。有衬里工艺：前衣身省位与袋位需用定位板定位缉缝，上下口袋袋盖需用工艺板划勾，按挖嵌线袋工艺开4只口袋。前身里制作时注意胸部吃势，将1 cm余量吃在胸部，左右各开一只里胸袋，位置为腋下3 cm处，袋口大为1 cm×14.5 cm，按双嵌线袋工艺制作；前后身面里料按正常工序拼合，拼肩头时用带条，垫肩车缝与肩头的带条上，并固定面里部分，翻底领用工艺板划勾、整烫成型，注意里外匀，袖口有袖衩，袖衩倒向大袖，装袖时按对位点装袖，保持袖面、袖里的袖型准确稳定，圈袖口时注意面里的方向，保证袖里不起扭和偏位，并用带条固定袖窿面里，下摆折边4 cm，缝份处车牢。无衬里工艺：衣身部位按常规工艺进行，衣身下摆、袖窿、挂面等处缝份需用滚边工艺，后领堂装月亮圈，下摆折边4 cm，缉线3 cm。

（注：简做军便装辅助材料较少，一般有无纺衬、树脂衬、T/C袋布等。无纺衬用于大小袋盖和开袋、翻领面和底领里等部位；树脂衬用于翻领面和底领里；T/C袋布用于前身大小口袋袋及里袋布等。）

② 面料衣片缝份。前身门襟及领口处缝份1.5 cm，下摆折边4 cm，挂面领口缝份1.5 cm，翻/底领缝份1.5 cm。大小袋盖丝缕对应衣身要求。

③ 里料衣片缝份。根据面料毛样板绘制里料样板，其他应根据成衣要求进行设计。

④ 结构纸样。军便装面料纸样如图7-18所示。

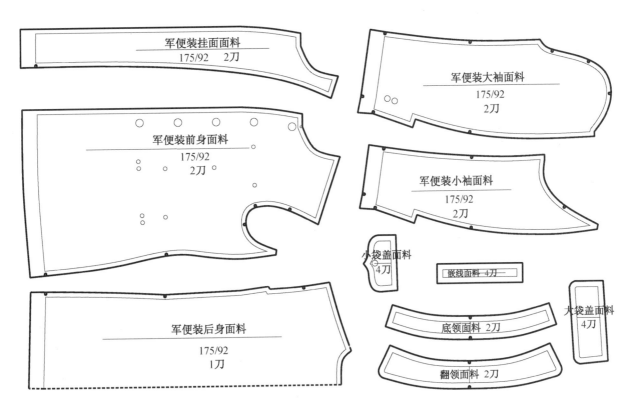

图7-18　军便装面料纸样图

拉链衫正、背面款式图如图 7–19 所示。

图 7–19　拉链衫正、背面款式图

1. 规格设计

拉链衫成品各部位系列规格见表 7–7。

表 7–7　5·4 系列——拉链衫成品主要部位系列规格表　　　　（单位：cm）

部位	165/84	170/88	175/92	180/96	185/100	档差
衣长（后）	72	74	76	78	80	2
胸围	110	114	118	122	126	4
摆围	114	118	122	126	130	4
肩宽	45.6	46.8	48	49.2	50.4	1.2
袖长	60	61.5	63	64.5	66	1.5
袖口围	29	30	31	32	33	1
领围	43	44	45	46	47	1
翻/底领宽	5/4					/
插袋宽/大	2/15					/
下摆折边宽	4					/

2. 结构制图

拉链衫（175/92A）结构图如图 7–20 所示。

3. 纸样分解

① 工艺分析。拉链衫领面和插袋开袋处均使用黏合衬，前衣身胸宽处暗缝 3 个褶裥，正面倒向下摆，门襟用拉链开合。里料按常规方法配置。面料纸样除下摆和袖口加放 4 cm 外，其余均为 1 cm 缝份。

② 结构纸样。拉链衫面料纸样如图 7–21 所示。

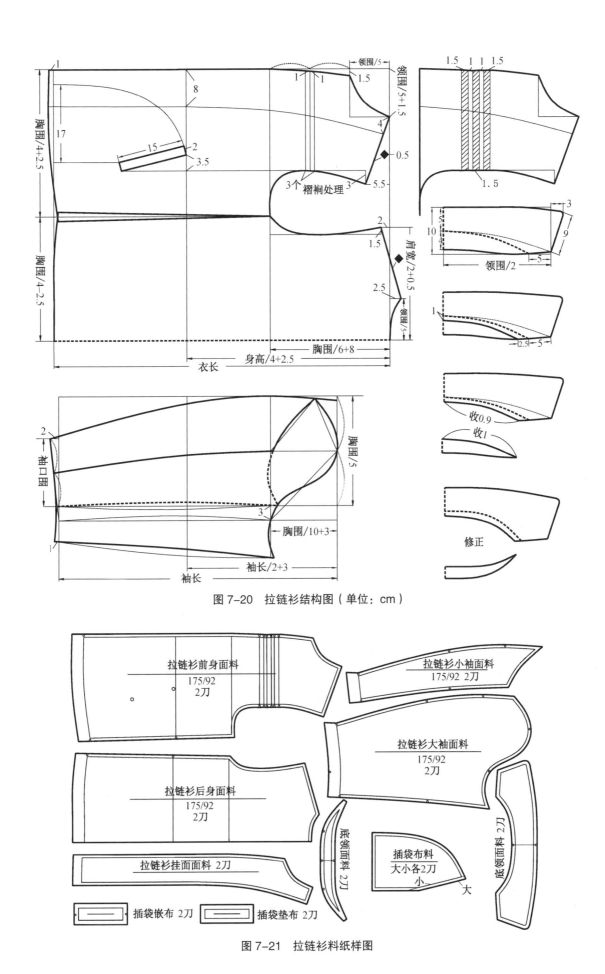

图 7-20 拉链衫结构图（单位：cm）

图 7-21 拉链衫料纸样图

八、新唐装

新唐装正、背面款式图如图 7-22 所示。

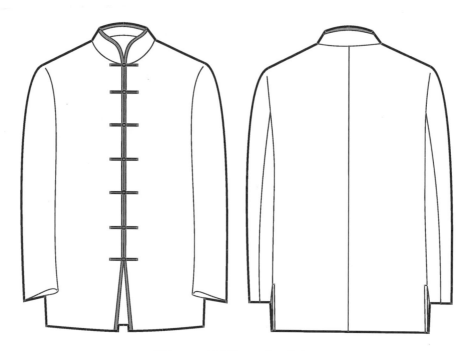

图 7-22　新唐装正、背面款式图

1. 规格设计

新唐装成衣各部位系列规格见表 7-8。

表 7-8　5·4 系列—新唐装成品主要部位系列规格表　　（单位：cm）

部位	165/84	170/88	175/92	180/96	185/100	档差
后衣长	74	76	78	80	82	2
胸围	104	108	112	116	120	4
下摆	106	110	114	118	122	4
肩宽	45.6	46.8	48	49.2	51.4	1.2
腰节长	43.5	44.5	45.5	46.5	47.5	1
袖长	58.5	60	61.5	63	64.5	1.5
领围	41	42	43	44	45	1
袖口围	30	31	32	33	34	1
侧衩高	14	14.5	15	15.5	16	0.5
里襟宽			5			/
后领高			4			/
折边			4			/

2. 结构制图

新唐装（175/92A）结构图如图 7-23 所示。

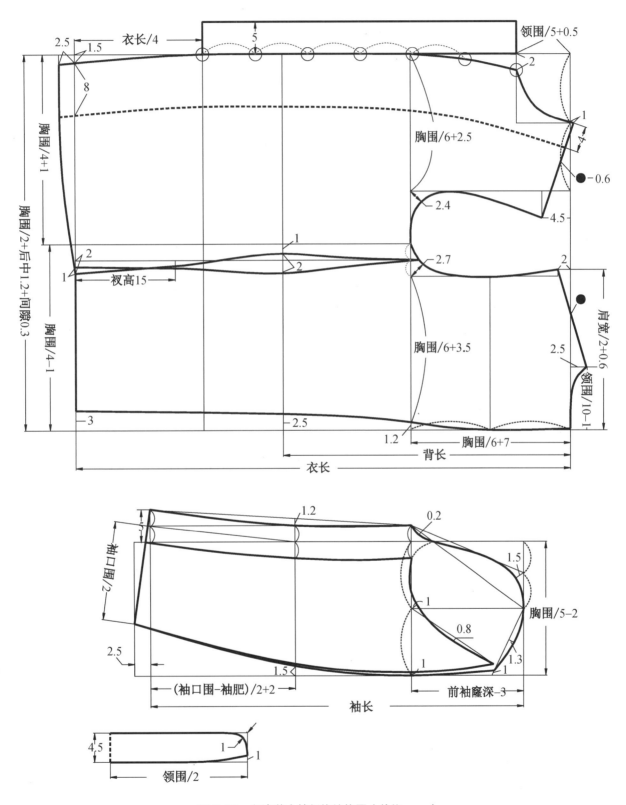

图 7-23　新唐装中档规格结构图（单位：cm）

3. 纸样分解

① 工艺分析。新唐装前身、里襟、袖口折边使用有纺衬。领面树用脂衬，增加硬挺度。肩部用垫肩，门襟用七粒盘扣。门里襟止口、领外止口、侧衩使用白色同面料质地相当的滚条进行滚边。

② 面里料衣片缝份。面料衣片：门里襟止口、领外止口、侧衩滚边，滚边处为净缝，其余放缝1 cm。里料衣片：按面料放缝过衣片进行放缝，挂面处在面料边线向门襟加放2.5 cm，下摆长度至面料折边线，袖窿与袖山处放缝1 cm，其余均放0.2 cm。

③ 结构纸样。新唐装面料纸样如图7-24所示。

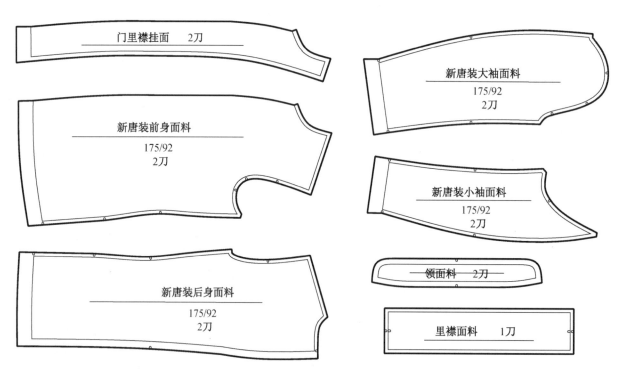

图7-24 新唐装面料纸样图

九、新唐衫

新唐衫正、背面款式图如图 7-25 所示。

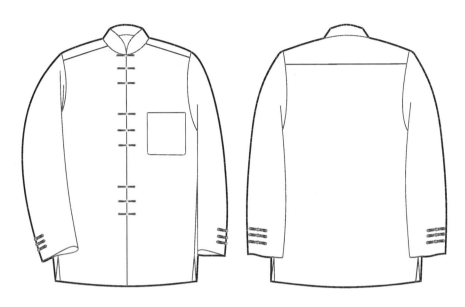

图 7-25 新唐衫正、背面款式图

1. 规格设计

新唐衫成衣各部位系列规格见表 7-9。

表 7-9 5·4 系列—新唐衫成品主要部位系列规格表 （单位：cm）

部位	165/84	170/88	175/92	180/96	185/100	档差
后衣长	72	74	76	78	80	2
胸围	110	114	118	122	126	4
下摆	110	114	118	122	126	4
肩宽	45.6	46.8	48	49.2	51.4	1.2
袖长	59	60.5	62	63.5	65	1.5
领围	39	40	41	42	43	1
袖口围	30	31	32	33	34	1
胸袋长/宽	12.5/11	13/11.5	13.5/12	14/12.5	14.5/13	0.5
侧衩高	14	14.5	15	15.5	16	0.5
里襟宽	4					/
后领高	5.5					/
折边	2.5					/

2. 结构制图

新唐衫（175/92A）结构图如图 7-26 所示。

3. 纸样分解

① 工艺分析。新唐衫立领使用无纺衬与树脂衬，门里襟使用无纺衬。前门襟装有九粒盘扣。胸贴袋与立领需要用定位板定位，门襟条等需要使用工艺板划勾，两侧开边衩。最后手工钉门襟盘扣。面料衣片衣身下摆与袖口折边放缝 3.5 cm，其余放缝 1 cm。

② 结构纸样。新唐衫面料纸样如图 7-27 所示。

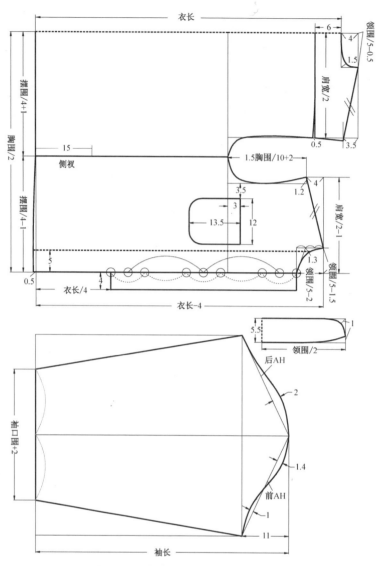

衣长
6
领围/5-0.5
4
1.5
肩宽/2
0.5 3.5
摆围/4+1
胸围/2
15
侧视
1.5胸围/10+2
4
1.2
肩宽/2-1
3.5
3
摆围/4-1
13.5 12
5
1.3
领围/5-2
领围/5-1.5
0.5 4
衣长/4
衣长-4

1
5.5
领围/2

后AH
2
袖口围+2
1.4
前AH
1
11
袖长

图 7-26 新唐衫结构图（单位：cm）

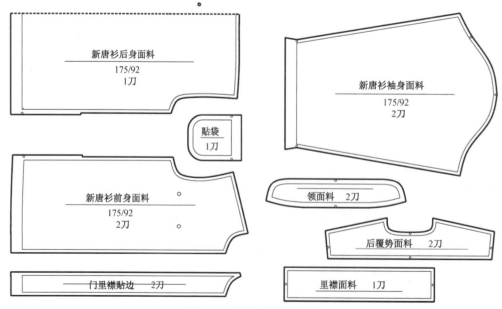

新唐衫后身面料
175/92
1刀

贴袋
1刀

新唐衫袖身面料
175/92
2刀

新唐衫前身面料
175/92
2刀

领面料 2刀

后覆势面料 2刀

门里襟贴边 2刀

里襟面料 1刀

图 7-27 新唐衫面料纸样图

参考文献

1. 江苏省服装鞋帽工业公司《服装裁剪》编写组 . 服装裁剪［M］. 南京：江苏人民出版社，1980.

2. 孙熊，王炳荣，孙星龙 . 裁剪与缝纫［M］. 北京：中国纺织出版社，1981.

3. 刘晓刚 . 服装设计 3——男装设计［M］. 上海：东华大学出版社，2008.

4. 戴孝林，许继红 . 服装工业制板 .2 版［M］. 北京：化学工业出版社，2012.

5. 刘瑞璞，张宁 .TPO 品牌化男装系列设计与制板训练［M］. 上海：上海科学技术出版社，2010.

6. （英）卡利·布莱克曼 . 世界男装 100 年［M］. 刁杰，译 . 北京：中国青年出版社，2011.

7. 金少军，刘忠艳 . 最新服装工业制板原理与应用［M］. 武汉：湖北科技出版社，2010.

8. 刘宵 . 男装工业纸样设计原理与应用［M］. 上海：东华大学出版社，2003.

9. GB/T1335.1—2008 服装号型 男子［S］. 北京：中国标准出版社，2009.

10. 冯泽民，刘海清 . 中西服装发展史教程［M］. 北京：中国纺织出版社，2008.

11. 上海职业能力考试院，上海服装行业协会 . 服装制板（中级）［M］. 上海：东华大学出版社，2005.

12. 包铭新 . 近代中国女装录［M］. 上海：东华大学出版社，2004.

13. 万宗瑜 . 男装结构设计［M］. 上海：东华大学出版社，2011.

14. 孙兆全 . 经典男装纸样设计［M］. 上海：东华大学出版社，2012.

15. 张乃仁，杨蔼琪 . 外国服装艺术史［M］. 北京：人民美术出版社，2003.

16. 周锡保 . 中国古代服饰史［M］. 北京：中国戏剧出版社，2002.

17. 陈东生，甘应进 . 新编中外服装史［M］. 北京：中国轻工出版社，2002.

后　记

　　本书内容结合了作者多年社会实践、科学研究和专业教学经验。首先精心绘制每款服装的平面效果图，做到形象生动，严谨规范；其次详细分析每款服装的结构特点，材料与工艺方法，加深读者对结构图形的理解与吸收；最后则是依据服装企业的生产实际，即在结构图形转化为成衣生产纸样之前，对服装成衣制作工艺进行细致的分析，准确完成生产所需纸样的分解。因此本教材在编写上有所创新和突破，具备了先进性、前瞻性、实用性和独特性。当前我国服装行业正在处于国家产业结构调整战略机遇期，服装生产也从传统的数量增长向生产高附加值产品转型，大量新材料、新工艺、新技术纷纷运用于服装生产当中，传统的服装工作岗位也在悄悄发生改变。《男装结构设计与纸样工艺》一书正是基于这一要求，以现代服装企业工业制板职业岗位的要求为导向，以知识与技能为主线，在理论与实践两个方面做到相互协调与统一。本书内容不仅涵盖了不同时期经典男装款型，同时也进行了相应的拓展，增加了中式男装样式内容，使本书内容更趋完整、全面和丰富。

　　本书在成书过程中得到了扬州职业大学服纺织服装学院的领导与同仁的支持与帮助，扬州职业大学 2009 服装设计专业的丁杰同学绘制了本书部分服装平面款式图，在此深表谢意。同时，也感谢扬州久程户外用品有限公司及江苏阿珂姆野营用品有限公司技术科的大力支持。由于编写时间较短，所涉及的男装款式众多，以及编著者水平的局限，加之服装行业知识与技能更新较快，不足之处敬请批评指正。

戴孝林